KB083234

신의진의 아이심리백과

신의진의

아이심리백과

3~4세 부모가 꼭 알아야 할 아이 성장에 관한 모든 것

3~4세편

신의진 지음

30만 부 기념 에디션을 펴내며

어느덧 소아 정신과 의사로 일해 온 지 25년이 되었습니다. 그동안 수십만 명에 이르는 부모와 아이를 만나 상담을 하고, 치료를 해 오면서 언제나 제 바람은 하나였습니다. 세상의 모든 부모와 아이들이 건강하게 살아가는 것. 하지만 시간이 갈수록 문제 있는 부모와 아이가 줄어들기는커녕 더 늘어만 갔습니다. 특히나 아이의 마음이 많이 아픈데도 그걸 알아차리지 못하고 똑똑한 아이 만들기에만 열을 올리는 부모들을 보면 화가 났습니다. 그래서 초보 의사 시절에는 진료실을 찾은 부모들을 많이 혼냈습니다. 더 이상 아이를 망치지 말라고, 어느 만큼 아이를 망가뜨려야 정신을 차리겠느냐고 목소리를 높이기도 했습니다.

하지만 부모가 되어 틱 장애를 앓는 큰아들과 아픈 형 옆에서 관심을 갈구하며 자꾸만 엇나가는 작은아들을 키우면서 비로소 알게 되었습니다. 내가 혼냈던 부모들 또한 아이를 잘 키우고 싶었지만 그 방법을 잘 몰라 헤매는 초보 엄마 아빠였을 뿐이라는 사실을 말입니다. 그들이 진료실에서 울음을 터트릴 때 그들의 아픔에 공감해 줬어야 했는데, 그러지 못했다는 것을 말입니다. 어느 순간 몹시 부끄러웠습니다. 그래서 사죄하는 마음으로 쓰기 시작한 책이 바로 이 《신의진의 아이심리백과》입니다. 방대한 육아 지식을 한 권의 책에 모두 담을 수는 없지만 필요할 때마다 얼른 꺼내어 참고할 수 있고, 유용하게 써먹을 수 있는 책이 되길 바랐습니다. 그래서 0~2세, 3~4세, 5~6세 등 연령별로 나누어 부모들이 가장 궁금해하는 질문들을 받아, 두 아이를 키운 부모로서의 경험과 소아 정신과 의사로서 환자들을 치료하며 얻은 실전 노하우들을 토대로 최대한 그 질문들에 꼼꼼히 답하고자 노력했습니다.

당시만 해도 책이 이렇게까지 오랫동안 독자들에게 읽히고 사랑을 받을 거라고는 짐작도 못 했습니다. 생각지 못한 곳에서 책을 읽은 독자를 만나면 반가우면서도 책의 영향력에 대해 새삼 깨닫게 되었고, 책이 도움이 되었다는 피드백을 들으면 진심으로 감사했습니다. 하지만 어느 순간부터는 '과연 좋은 평가를 받을 만한 책인가' 하고 자꾸만 스스로를 돌아보게 되었던 것도 사실입니다. 그래서 이번에 30만 부 기념 에디션을 만들면서는 바뀐 육아 환경에 따라 부모들이 가장 궁금해하는 베스트 질문을 다시 뽑고, 2020년 육아 트렌드에 맞추어 몇 가지 내용을 삭제하거나 추가했습니다. 마지막으로 아이의 정신 건강을 자가 진단해 볼 수 있는 '연령별 부모들이 절대 놓치면 안 되는 아이의 위험 신호'를 새롭게 추가했습니다.

물론 이 한 권의 책이 초보 엄마 아빠들의 불안과 조급함을 완전히 없애 줄 것이라고는 생각하지 않습니다. 그러기엔 부모들의 마음을 파고드는 불안과 조급함의 늪이 얼마나 깊고 무서운지 저 또한 잘 알고 있기 때문입니다. 내 얘기는 아닐 거라고 단정하지는 마십시오. 아이를 사랑한다면서 결국은 암기 괴물을 천재라고 칭찬하는 부모, 아이가 기대만큼 쫓아오지 못하는 것을 견디지 못하는 아빠, 자꾸만 옆집 아이랑 비교하며 아이에게 스트레스를 주는 엄마가 되는 것은 한순간입니다.

고백하건대 저 또한 겉으로는 안 그런 척했지만 완벽한 부모를 꿈꾸었고, 그에 맞춰 아이들도 완벽하기를 바랐습니다. 그래서 늘 스스로를 채찍질했고 왜 그걸 못하느냐며 아이들을 보챘습니다. 하지만 그럴수록 모든 것이 힘들게만 느껴졌습니다. 그런데 어느 순간 완벽해지기를 포기하게 되었고, 그러자 마음의 여유가 생기고 아이들에 대한 욕심도 조금은 내려놓을 수 있었습니다. 완벽하지 않아도 충분히 아이들을 사랑해 줄 수 있다는 사실도, 완벽하지 않은 내 아이들이 주는 온전한 행복이 무엇인지도 알게 되었습니다. 그래서 후회를 잘 하지 않는 성격임에도 '좀 더 일찍 완벽주의를 내려놓고 불안과 조급함의 늪에서 빠져나왔더라면 더 좋았을 텐데' 하는 후회는 듭니다. 스스로를 채찍질하고, 아이들을 다그칠 시간에 좀 더 아이들을 껴안고 마음껏 사랑해 주지 못한 것이 아쉬움으로 남는 것입니다.

저는 이 책을 읽는 초보 엄마 아빠 들이 저와 비슷한 후회를 하지 않기를 진심으로 바랍니다. 아이가 바라는 것은 완벽하고 훌륭하게 자신을 돌보는 부모가 아니라 언제든 자신과 눈 마주치고, 자신의 말을 잘 들어주며, 마음껏 사랑을 전하는 부모입니다. 그러니 그 어떤 순간에도 '부모로서 나는 너무 부족하다'면서 자책하지 말고, 최대한 아이와 함께 하는 시간을 즐기세요. 아이가 부모를 절대적으로 필요로 하는 시간은 금방 지나가 버릴 테니까요.

2020년 6월

신의진

| Prologue |

3~4년 차 부모들에게

"서당 개 3년이면 풍월을 읊는다"라지만, 부모 경력이 3~4년쯤 되어도 육아는 결코 만만하지 않습니다. 저도 그랬지요. 이제 아이의 기질도 파악했고 그 기질에 따라 어떻게 키우면 될지 원칙도 세웠건만, 첫째 아들 경모는 늘 미처 예상치 못한 일로 저를 놀라게 했습니다.

당시 휴대폰이 막 나오기 시작할 때였는데 저는 평소에 "휴대폰은 누가 거저 줘도 안 쓰겠다"고 호언장담하고 다니곤 했습니다. 그러던 제가 자진해서 휴대폰을 구입한 것은 언제 무슨 일을 벌일지 모르는 경모 때문이었습니다.

"경모 어머니시죠?"

세 돌이 지나 경모를 어린이집에 보내기 시작했는데, 선생님으로부터 일주일이 멀다 하고 전화를 받았습니다. 내 속으로 낳은 내 아이가 어떻게 이렇게 말썽을 부릴까 싶어 어떤 때는 눈물이 핑 돌더군요. 그러던 어느 날, 문득 깨달았습니다.

'내가 지금도 아이를 아이 그 자체로 보고 있지 않구나.'

알게 모르게 제 바람에 맞춰 아이를 판단하고 그것을 강요하고 있었던 겁니다. 저는 아이의 기질을 있는 그대로 받아들이자고 다시 마음을 다잡았습니다. 그리고 발달이 느리더라도 절대 조급해하지 말자고 결심했지요. 수업에 참여하지 않는다는 선생님 말씀에 '그럼 그 시간에 경모가 하고 싶은 것을 하게 해 달라'고 부탁했고, 아이가 한여름에도 내복을 안 벗으려고 할 때는 그냥 내복 위에 반바지를 입혀 보냈습니다.

이 시기의 아이들은 정말 어디로 튈지 모르는 럭비공 같습니다. 특히 자아 형성이라는 지상 과제를 안고 있는 아이들은 과제를 훌륭하게(?) 수행하기 위해 온갖 짓을 다 합니다. 떼도 걷잡을 수 없이 늘어나고, 자기주장도 그 전에 비해 훨씬 강해집니다. 거기에 또래 아이와 사귀게 되면서 사고의 수위도 훨씬 높아집니다. 옆집 아이는 한글을 읽네, 숫자를 세네 하는 소리에 스트레스를 받는 것도 바로 이 시기입니다.

이 시기 부모는 아이의 요구가 수용 가능한 것인지 아닌지를 판단하고, 떼를 부리면 받아 줄 것은 바로 받아 주고, 그렇지 않은 것은 절대 받아 주지 않아야 합니다. 아이들은 이런 원칙을 좋아합니다. 부모가 자신과 관련한 원칙을 세우고 지키는 것을 자신에 대한 관심이라고 생각하기 때문이죠. 따라서 아이가 힘들어하지 않을 범위 내에서 원칙을 세우고 일관성 있게 지키는 것이 이 시기 부모의 중요한 과제라고 할 수 있습니다.

하지만 부모 노릇을 한다는 게 말처럼 쉽지 않다 보니 엄마 아빠들은 오늘도 똑같은 실수를 반복합니다. 돌이켜 보면 저 역시 실수를 많이 했습니다. '그때 이렇게 해 줬더라면 좋았을 걸', '이래서 내 아이가 이런 행동을 했구나' 하는 것이 한두 가지가 아니지요. 그러다 보니 진료실을 찾는 부모들의 걱정과 한숨을 더 이상 두고 볼 수만은 없었습니다. 3~4세 부모들이 가장 궁금해하는 질문들에 대해 현실적이고 실현 가능한 답을 주는 책이 의외로 없다는 생각이 들었기 때문입니다.

이 책이 매일 아이와 힘겨운 전쟁을 치르는 엄마 아빠 들에게 조금이나마 도움이 되었으면 좋겠습니다. 그리고 그 어떤 교육이든 지금 당장이 아닌, 아이의 20년 후를 생각할 수 있다면 더 바랄 것이 없겠습니다.

Contents

3~4세 부모들이 가장 궁금해하는 베스트 질문 20

3~4세(25~48개월)

Chapter 9

부모와 아이

3~4세 부모들이 절대 놓치면 안 되는
아이의 위험 신호 5

3~4세
부모들이
가장 궁금해하는
베스트 질문 20

아이가 황소고집이에요

[Question 01]

아이가 두 돌 정도가 되면 언어가 폭발적으로 발달하면서 본격적으로 말을 하게 됩니다. 그런데 이 시기에 가장 많이 하는 말이 "싫어", "안 해", "저거 줘" 등 고집을 부리는 표현입니다. 말뿐만이 아니라 하는 행동도 어찌나 고집불통인지 한 번이라도 엄마 뜻에 따라 주는 법이 없지요. 그러다 보니 요새 부모들 사이에서는 '미운 세 살'이 아니라 '미운 두 살'이라는 말이 더 많이 쓰인다고 합니다. 이때부터 본격적인 아이와의 전쟁이 시작되는 거지요.

고집은 자아 개념이 생겼다는 신호

아이가 엄마의 말을 잘 따라 주지 않고 자기주장만 내세울 때 이를 가리켜 흔히 '고집이 세다', '떼를 쓴다'는 말을 합니다. 다분히 부정적인 의미가 담긴 말들이지요. 하지만 발달학적으로 보자면 이것은 아이가 그만큼 자아 개념이 강하고 자기 의지를 확고히 하고 있다는 것을 뜻합니다. 하지만 표현 능력이 미성숙해서 그것을 "싫어", "안 해" 등과 같은 단정적인 말로 표현하거나, 머리를 땅에 박는 등 과격한 행동으로 나타내는 것이지요.

문제는 이 시기의 아이는 주장을 표현할 줄은 알아도, 사고력과 분별력은 떨어진다는 점입니다. 이는 아이 스스로 어떻게 할 수 있는 것이 아닙니다. 뇌가 발달하고 인지적·정서적 성숙이 어느 정도 이루어져야만 합리적인 주장을 펼칠 수 있게 됩니다.

따라서 아이가 고집을 부릴 때에는 부모 시각에서 판단할 것이 아니라 아직 성장 과정에 있는 아이의 입장을 먼저 고려해야 합니다. 고집부리는 자체에 신경을 곤두세울 것이 아니라 고집을 부리는 숨은 동기를 찾기 위해 노력을 기울여야 합니다.

시간이 지날수록 아이는 다른 사람에 대한 배려를 배우게 되면서 자연스럽게 고집을 접게 됩니다. 만약 이런 과정이 없다면 아이는 자신의 주장을 제대로 펴지 못하는 어른으로 자랄 수 있습니다.

통제보다는 너그러운 마음이 효과적입니다

엄마들은 대개 아이가 고집을 부리면 처음부터 확실하게 버릇을 들여야 한다는 생각에 단호하게 야단을 치면서 아이의 행동을 막습니다. 물론 아이의 고집이 아이 자신이나 남에게 해가 되는 것이라면 적당한 선에서 막아 줄 필요는 있습니다. 하지만 아이의 주장이 엉뚱하거나 쓸모없다는 이유로 제재를 가한다면 아이의 자신감과 독립심이 제대로 자랄 수 없습니다. 따라서 아이가 어이없는 고집을 피우더라도 무조건 야단을 치는 것은 좋지 않습니다. 부정적인 고집에는 무관심한 태도를 보여 주고 긍정적인 고집에는 아낌없이 칭찬해 주세요. 예를 들어 혼자 입지도 못할 옷을 엄마가 입혀 줬다고 다시 벗고 자기가 입으려고 할 때에는 "왜 이렇게 엄마를 힘들게 해!" 하며 화를 내지 말고, 오히려 혼자서 해내려는 점을 칭찬해 주어야 합니다.

어릴 때 아이가 자기주장을 펼칠 수 없으면 자기 정체성에 대해 고민하게 되는 사춘기, 혹은 더 성장한 후에 억눌린 감정을 주체하지 못하고 문제를 일으킬 수 있습니다. 따라서 아이가 잘못된 고집을 부릴 때에는 아이의 자율성과 의사를 최대한 존중하는 범위 내에서 저지하는 것이 좋습니다.

텔레비전, 스마트폰을 못 보게 하면 울어요

[Question 02]

텔레비전이 아이에게 좋지 않다는 것은 누구나 잘 압니다. 하지만 아이에게 텔레비전 시청을 규제하는 것은 생각만큼 쉽지 않습니다. 아이를 텔레비전의 유혹으로부터 떼어 놓는 것이 어렵기도 하거니와 솔선수범해야 할 부모 스스로도 텔레비전을 보는 습관을 고치기 어렵기 때문입니다. 아이에게 좋지 않다는 것을 분명히 알면서도 텔레비전을 끄면 왠지 허전하고 답답하다는 엄마들도 많습니다.

아이 혼자 텔레비전 앞에 두는 것은 금물입니다

그나마 엄마와 아이가 같이 보면 다행입니다. 제일 안 좋은 상황은 엄마가 바쁘다는 핑계로 아이를 텔레비전 앞에 혼자 두는 것입니다. 우스갯소리가 아니라 나중에 아이가 엄마보다 텔레비전을 더 좋아하게 될 수도 있습니다.

아이를 할머니가 봐 주는 경우에도 텔레비전 시청이 습관이 될 수 있습니다. 요즘 부모들은 텔레비전의 유해성을 잘 알다 보니, 아이가 텔레비전을 오래 보게 하지 않습니다. 장기간 텔레비전에 노출되지 않으면 그만큼 중독될 위험이 줄어들지요. 하지만 손자 손녀가 원하는 건 뭐든 들어주고 싶어 하고, 텔레비전의 유해성도 잘 알지 못하는 할머니는 자칫 아이를 텔레비전 앞에 오래 앉혀 둘 수 있습니다. 심지어 종일 텔레비전을 틀어 놓고 지내는 조부모들도 종종 있습니다.

우선 두 돌 전에는 웬만하면 아이에게 텔레비전을 보여 주지 않는 것이 좋습니다. 미국 소아과학회는 '아이에게 텔레비전을 보여 주지 않아야 하며, 특히 2세 이하의 아이에게는 절대 보여 주지 않아야 한다'라고 권고한 적이 있습니다.

뇌 발달에 있어서 가장 중요한 것은 세상과의 교류입니다. 2세 이하의 아이들은 여기저기 돌아다니며 직접 보고 만지는 경험을 통해 좋은 자극을 받습니다. 그러나 텔레비전은 일방적으로 내용을 받아들여야 하는 수동적인 매체입니다. 때문에 아무리 교육적인 내용이라 할지라도, 텔레비전을 보는 것 자체가 아이의 언어나 지적 능력 발달을 방해합니다. 어른인 부모도 텔레비전을 보다 보면 한없이 게을러지는데 매일 끊임없이 성장하는 아이의 뇌에 좋을 리 없지요. 아이가 텔레비전을 보는 만큼 엄마와 아이 사이에 애착을 키울 시간이 줄어들 뿐입니다.

교육용 프로그램도 자제를

한때 유아용 텔레비전 프로그램이 선풍적인 인기를 끌었던 적이 있습니다. 이러한 프로그램은 상당히 중독성이 있어 아이들이 좋아하지만, 언어를 비롯한 지적 능력 발달에 좋다는 근거는 없습니다. 교육용 컴퓨터 프로그램은 효과가 있지 않느냐고 반문하는 엄마들도 많습니다. 이에 대해서는 아직 많은 연구가 실행되고 있지는 않으나 그간의 연구를 통해 효과가 높지 않다고 알려져 있습니다.

특히 영어를 가르치겠다고 영어로 된 프로그램을 아이에게 종일 보게 하는 것은 정말 위험한 일입니다. 언어는 단편적인 내용을 반복해서 들려준다고 발달하는 것이 아닙니다. 상황을 유추해 볼 수 있는 사고력이 바탕이 되어야 하지요. 때문에 이러한 반복 시청은 사고력마저 저해해 오히려 언어 발달을 늦추는 원인이 될 수 있습니다.

텔레비전이 아이에게 가져다 주는 문제점은 다음과 같습니다.

① 일방적인 소통을 하는 텔레비전을 자주 보게 되면 의사소통 방식을 제대로 배울 수 없습니다.
② 텔레비전을 틀어 놓는 동안 아이는 엄마와 애착을 형성할 기회를 잃어버려 정서 발달을 제대로 이룰 수 없습니다.
③ 텔레비전 화면이 바뀌는 속도가 너무 빨라 끊임없이 시청각적인 자극을 받습니다. 자극의 강도가 세면 심심한 일상의 자극에는 뇌가 반응하지 않아 두뇌 발달의 기회가 줄어들 수 있습니다.
④ 아이가 폭력적이고 잔인한 장면을 보게 될 경우, 뇌 발달상 현실과 환상을 혼동하는 시기이기 때문에 이때 생긴 불안과 공포가 상당 기간 지속될 수 있습니다.
⑤ 무엇이든 모방하는 아이들은 텔레비전에서 본 것을 그대로 흉내 내기 쉽습니다. 자기가 모방하는 것이 무엇을 의미하는지, 무엇이 좋고 나쁜지 모른 채 폭력적인 장면을 따라 할 수도 있습니다.

아이에겐 스마트폰이 더 위험할 수 있습니다

아이에게 스마트폰이 안 좋다고 하는데, 그 위험성을 부모들이 간과하고 있는 경우가 종종 있습니다. 아이가 스마트폰에 중독되어 발달 지연 현상이 일어나는데도 문제의 심각성을 깨닫지 못하는 것이지요. 그런 부모들은 대부분 아이가 세 돌쯤 되었는데 말이 늦어 걱정이라며 저를 찾아옵니다.

얼마 전에 찾아온 세 돌이 막 지난 여자아이도 그런 경우였습니다. 진료실 밖에서 기다리는 동안 아이가 짜증을 내자 엄마는 자연스럽게 아이에게 스마트폰을 주었습니다. 내가 스마트폰을 끄고 대화를 하자고 하자 아이는 갑자기 책상에 머리를 박고 소리를 지르기 시작했습니다. 알고 보니 부모가 맞벌이를 하느라 할머니에게 아이를 맡겼는데, 할머니는 하루 종일 텔레비전을 켜 놓았습니다. 저녁 때는 엄마가 데리고 와서 밥을 먹이는데 밥을 잘 안 먹으면 그때마다 스마트폰을 보여 줬다고 합니다. 어느 순간 아이는 스마트폰에 중독되어 스마트폰을 빼앗으려고 하면 소리를 지르고 울기 시작했습니다.

검사 결과 아이는 스마트폰에 심하게 중독된 상태였습니다. 그 문제를 먼저 해결하지 않는 한 언어 치료를 한다고 해서 나아질 상황이 아니었던 겁니다. 그래서 저는 아이의 엄마에게 당장 눈앞에서 스마트폰을 치우라고 했습니다. 아이가 아무리 울어도 절대 스마트폰을 주지 말고, 아이 앞에서 스마트폰을 보고 있는 모습도 보이지 말라고 한 것입니다. 대신 숙제를 줬습니다. 아이와 눈을 맞추고, 손가락 놀이를 하고, 감정을 전하는 연습을 하게 했습니다. 그처럼 의사소통을 통해 멈춰 있는 언어 영역을 자극하고 발달시키자 아이는 점차 나아지기 시작했습니다. 물론 아이가 완전히 좋아질 때까지는 1년이 걸렸지만 말입니다.

2017년 국내 한 연구 결과에 따르면 언어 발달이 느린 유아들을 추적해 보니 그들 대부분이(95퍼센트) 생후 24개월 이전에 디지

털 기기를 처음 접했으며, 그중 63퍼센트가 하루 두 시간 이상 디지털 기기를 사용하는 것으로 밝혀졌습니다. 스마트폰이 얼마나 아이의 발달을 저해하는 주범인지 잘 보여 주는 사례라 하겠습니다. 그래서 저는 부모들에게 두 돌 전까지는 절대 스마트폰을 보여 주지 말라고 말씀 드리는데요. 세 돌 지난 아이의 스마트폰 사용도 웬만하면 권하지 않습니다. 스마트폰을 계속 보는 것도 문제지만 그로 인해 신체 활동이 줄어들고 친구들과 놀지 않게 되는 등의 부작용도 우려되기 때문입니다.

싫증도 잘 내고 새로운 걸 배우기 싫어해요

[Question 03]

아이마다 특별히 싫어하는 것이 한두 가지쯤은 있게 마련입니다만 어떤 일에도 흥미가 없고 싫증을 잘 내는 아이들이 있습니다. 호기심이 한창 많을 시기에 그 호기심을 억제당한 경우 이런 성향을 보이기 쉽습니다. 또한 엄마와의 애착에 문제가 있을 경우에도 마찬가지입니다. 엄마와의 애착에 문제가 있다는 것은 세상을 신뢰하지 않는다는 것을 의미하지요. 그런 아이에게 세상에 대한 흥미가 있을 리 없고, 그러니 싫증을 잘 내게 되는 것입니다.

아이가 싫증을 쉽게 낸다고 해서 사사건건 잔소리를 하거나 다그치면 아이의 정서가 더 불안해질 수 있습니다. 또 이런 심리적인 불안으로 인해 아이는 더욱 싫증을 많이 내게 됩니다. 그 원인이 무엇이든 결국 답은 부모와의 긍정적 상호작용으로 배우는 즐거움을 느끼게 해 주는 것입니다.

새로운 학습을 싫어한다면

싫증을 잘 내는 아이들에게 새로운 학습을 강요하는 것은 부모의 욕심입니다. 아이가 좋아하지도 않는데, '남들 다 하니까' 하는 마음으로 새로운 것을 가르치려고 하면 아이 성격만 나빠집니다. 흔히 "될성부른 나무는 떡잎부터 알아본다"라고 하지만 6세 이전의 학습 능력이나 태도를 가지고 아이의 미래를 예측하는 것은 무리입니다. 이 시기는 학습에 대해서 관심을 가질 수도 있고 관심이 없을 수도 있는 시기입니다. 의학적으로 보자면 뇌 발달상 학습과 관련한 뇌가 충분히 발달하지 않은 상태이기 때문이지요. 게다가 아이마다 관심사도 다르고 먼저 발달하는 능력도 다릅니다. 그러니 마음의 여유를 가지고 아이를 지켜볼 필요가 있습니다.

부모의 강압은 자칫 아이에게 학습은 재미없는 것이라는 생각을 심어 줄 수 있습니다. 또한 부모라면 아이의 시행착오를 지켜볼 수 있어야 합니다. 아이들은 경험과 실수를 통해 하나씩 하나씩 배워 나가지요. 그런데 이때 부모가 아이가 조금 틀렸다 싶을 때마다 정답을 알려 주려고 한다면 아이는 흥미와 호기심을 잃게 됩니다. 정답을 제시하기보다 호기심이 학습으로 이어질 수 있도록 격려하고, 재미있고 적절한 자극을 주는 게 좋습니다.

[Question 04]

한글 학습, 언제부터 시켜야 할까요?

지적 발달은 아이마다 차이가 큽니다. 한글을 떼야 하는 시기도 정해진 것은 아닙니다. 다만 한 가지 명심할 점은 발달상 6세 이전에는 학습을 어렵고 따분하게 여긴다는 것이지요. 본능적으로 새로운 것에 호기심을 갖는 아이들이 천편일률적인 학습을 힘들어하는 것은 매우 당연한 현상입니다. 특히 한글 공부처럼 글자 체계를 논리적으로 따져야 하는 학습은 아이에게 무리가 아닐 수 없지요. 아이의 뇌도 글의 의미를 정확히 파악하여 표현할 만큼 발달하지 못했고요.

만일 이 시기의 아이가 엄마가 시키는 학습을 곧잘 따라 준다면, 평소에 엄마가 아이와 놀아 주는 시간이 너무 부족해 재미를 느낄 만한 대상이 없었거나, 학습을 엄마의 사랑을 받기 위한 수단으로 여기거나, 기질적으로 순종적인 아이일 가능성이 높습니다.

한글 학습보다 아이의 창의력 향상에 집중하세요

3~6세는 아이가 가장 창의적인 시기입니다. 논리적인 사고 능력이 싹트긴 했지만, 그 논리라는 것이 자기 식대로 세워져 있지요. 다시 말해 이 시기의 아이는 세상을 자기 기준에 맞춰 주관적으로 해석합니다.

그런데 학습은 규칙과 공식 등 지극히 객관적인 것들을 배우는 과정입니다. 때문에 이른 학습은 자칫 아이가 자기 식대로 세상을 해석할 자유를 빼앗아, 창의성의 향상을 저해할 수 있습니다. 게다가 창의성은 이 시기가 아니면 다시 발현될 가능성이 매우 적습니다.

그 폐해는 스무 살이 넘어 본격적으로 자신의 능력을 펼쳐야 할 시기에 나타납니다. 한 분야에 창의적인 전문인으로 우뚝 서야 하는 때에 어릴 때의 과도한 학습은 창의적 사고를 막는 주범이 되지요. 우리 아이들이 살아갈 미래 사회에서는 스스로 자기 길을 만들어 가는 사람이 성공합니다. 바로 그 틀이 3~6세의 짧은 시기에 만들어집니다. 글자 한 자 빨리 가르치려다가 더 소중한 능력을 키우지 못하게 해서는 안 될 일입니다.

학교에 들어간 뒤 시작해도 괜찮습니다

한글은 물론이고 다른 여러 가지 학습 모두 초등학교에 들어가서 시작해도 늦지 않습니다. 어떤 아이는 아무것도 준비하지 않은 상태에서 입학을 했는데, 다른 아이들에 비해 오히려 더 수업을 잘 따라갔다고 합니다. 다른 아이들은 이미 배운 것을 또 배우게 되는 격이라 수업 시간이 따분하기만 한데, 그 아이에게는 배우는 것 자체가 너무 재미있던 것이지요. 그러다 결국 반장도 하게 되었다나요.

그래도 한글도 안 깨우쳐 보내려니 불안한 마음이 든다면 입학을 1년 정도만 앞두고 있을 때 시작해도 늦지 않습니다. 늦게 가르쳐서 언제 다 가르칠 수 있을까 조바심을 낼 필요는 없습니다. 오히려 늦게 가르칠수록 아이의 뇌 발달이 많이 이루어진 상태이기 때문에 적은 양의 학습으로도 큰 효과를 볼 수 있지요. 만약 그때에도 아이가 고집을 부리면서 배우려 들지 않는다면 6개월 전부터 가르치기 시작해도 큰 문제가 없습니다. 제 큰아이 경모가 그 증거입니다.

고집불통에 원하지 않는 자극을 거부하는 성격을 지닌 경모는 초등학교에 들어가기 3개월 전에 겨우 한글을 배우기 시작했습니다. 아무것도 모르고 입학했다가 아이가 힘들어하면 어쩌나 싶어 억지로라도 조금 알게 하자던 것이었는데, 예상 밖으로 경모는 한글을 착실히 배워 나갔습니다. 처음에 얼굴을 찌푸리며 짜증을 내던 경모는 "하나도 모르고 학교에 가면 친구들이 놀릴지도 모르는데……" 하는 제 권유에 마음을 바꿔 먹더군요. 다행히 학습을 시작하자 글자의 조합을 재미있어했고요. 그러더니 입학 전에 한글을 거의 완벽하게 뗄 수 있었지요.

한글뿐만이 아닙니다. 그 무엇이든 하나라도 빨리 가르쳐야 한다는 강박관념에서 하루빨리 벗어나세요. 창의성은 물론이거니와 평생을 따라다닐 자아상에도 악영향을 끼칠 수 있습니다. 학습으로 인한 좌절 때문에 자기 자신을 '나는 공부를 못하는 아이', '사랑받을 수 없는 부족한 아이'로 인식할 가능성이 매우 크기 때문입니다.

식습관이 너무 나빠요

[Question 05]

부모들의 골칫거리 중 하나가 아이의 먹는 문제입니다. 숟가락을 들고 꽁무니를 쫓아다녀도 한 숟가락 먹이기가 어렵고, 힘들게 입에 넣어 주면 온갖 인상을 쓰며 뱉어 버리고, 심지어 밥 먹는 일을 무기 삼아 "저거 안 사 주면 안 먹어" 하며 엄마를 협박하기까지 합니다. 한창 자랄 나이에 이렇게 끼니때마다 전쟁을 치러야 하니 부모 입장에서는 너무 속상하고 답답한 일이지요.

식습관은 아이가 이유식을 시작하면서 조금씩 자리 잡아 가는데, 아무것이나 주는 대로 잘 받아먹는 아이가 있는 반면 유독 음식의 질감이나 맛, 색깔에 예민한 반응을 보이는 아이들이 있습니다. 특정 음식이 가진 냄새나 맛에 예민한 것일 수도 있고, 선천적으로 음식 맛에 길들여지기가 어려운 것일 수도 있습니다.

하지만 끼니때 음식을 챙겨 먹여야 한다고 생각하는 부모들은 성장기 아이에게서 흔히 볼 수 있는 이런 특징을 간과하기가 쉽지요. 그래서 일단 어떻게든 먹이고 보자는 태도를 갖습니다. 아이는 자기가 먹지 않으면 엄마가 힘들어한다는 것을 알아채고 먹는 일을 원하는 것이 있을 때 '거래' 수단으로 삼기도 합니다. 또 뭔가 엄마에게 불만이 있을 경우 그 반발심으로 음식 앞에서 고개를 젓는 아이도 있습니다.

이렇듯 아이가 음식을 거부하는 데에는 다양한 이유가 있습니다. 당장 한 끼를 먹이는 것보다 그 근본적인 문제를 찾아 해결하는 것이 바른 식습관을 들이기 위한 첫걸음입니다.

억지로 먹이지 마세요

이유가 무엇이 되었든 간에 가장 큰 원칙은 억지로 먹이지 않는 것입니다. 아이 곁에서 왜 음식을 거부하는지 찬찬히 관찰해 보길 바랍니다. 만일 아이가 기질적으로 예민하고 입맛이 까다롭다고 판단되면, 조리법을 바꾸거나 재료에 조금씩 변화를 주면서 아이가 좋아할 만한 것을 찾는 노력이 필요합니다. 자꾸 시도를 하다 보면 아이가 먹지 않는 이유가 정확히 어디에서 기인한 것인지 알 수 있습니다. 예컨대 어떤 음식의 질감을 싫어할 수도 있고, 시거나 짠맛에 유독 민감해서일 수도 있습니다. 기름진 음식을 싫어할 수도 있고 음식 고유의 색깔이 마음에 들지 않아서일 수도 있고요.

끼니때마다 한자리에 앉아 있지 못하고 마구 돌아다녀서 엄마나 아빠가 그릇을 들고 따라다녀야 하는 아이도 있습니다. 달래서라도 먹이려는 부모의 잘못된 태도가 아이로 하여금 그런 식습관을 갖게 합니다. 그렇게 하면 당장 한 숟가락을 먹일 수 있을지는 몰라도 장기적으로 볼 때 나쁜 식습관을 고착화할 수 있습니다.

하지만 그렇다고 해서 아이에게 화를 내거나 짜증을 내면 아이는 부모의 행동을 이해하지 못하고 반항하게 되지요. 식사 시간이 되면 아이 주변에서 호기심을 자극할 만한 것들을 가능한 한 없애고, 아이가 음식을 먹는 일에 재미를 느낄 수 있는 방법을 찾아보세요.

또 처음엔 어렵겠지만 정해진 장소에서 제시간에 밥을 주도록 하세요. 몇 번 권유하고 달래서 듣지 않으면 한두 끼 정도는 과감히 굶겨도 나쁘지 않습니다. 그러면서 음식을 먹어야 하는 이유를 반복적으로 설명해 주세요. 아이들은 먹는 것에도 익숙해질 시간이 필요합니다. 통제와 강요보다는 아이 스스로 먹을 수 있도록 유도하는 편이 좋습니다.

◆나쁜 식습관 지도법

① 음식을 다 먹지 않고 밥상에서 일어설 때

한꺼번에 너무 많은 양을 입에 넣어 주면 음식을 다 먹기도 전에 자리에서 일어나기 십상입니다. 또 급한 마음에 음식을 다 씹기도 전에 꿀꺽 삼켜 버리기도 합니다. 식탁에 앉아 있을 때 한 번에 조금씩 먹게 하되, 음식을 다 씹어 삼킨 후에 자리에서 일어나게 하세요.

② 계속 돌아다니며 한자리에서 밥을 못 먹을 때

아이의 호기심을 자극할 만한 물건은 우선 모두 치워 두세요. 그리고 아이의 흥미를 끌 만한 물건이나 좋아하는 장난감 몇 개만 식탁에 놓아 주세요. 이렇게 흥미를 느끼고 식탁에 오래 머물 수 있도록 하면서, 아이가 식탁에 올 때만 밥을 주는 게 좋습니다.

③ 밥그릇을 엎거나 숟가락을 던질 때

의도적인 행동이라기보다는 그릇 사용이 익숙하지 않아서 실수하는 경우가 많습니다. 또한 숟가락이나 젓가락을 사용하는 것이 서툴다 보니 약이 올라서 집어 던지기도 합니다. 차분히 숟가락을 사용하는 법을 가르쳐 주면서 실수로 엎지 않도록 넓은 그릇을 사용하세요.

[Question 06]

아이가 자해를 해요

아이가 뭔가 제 뜻대로 되지 않을 때, 벽이나 바닥에 머리를 박거나 손으로 자기 얼굴을 때리는 등 신체에 해를 입히며 떼를 쓸 때가 있습니다. 엄마가 "안 돼!"라고 한마디만 해도 울음을 터트리면서 뒤로 넘어가죠. 제 아들 경모는 손가락을 입에 넣어 일부러 토하기까지 하더군요.

아이는 첫돌이 지나면서부터 '안 된다'라는 말의 의미를 알게 됩니다. 이때 아이는 땅에 머리를 박거나 물건을 집어 던지는 등으로 화를 표현합니다. 하지만 이는 어른들이 생각하는 자해처럼 의도를 가진 행동이 아니라 자기감정을 다스리지 못해 나오는 행동일 뿐입니다. 화는 나는데 그것을 어떻게 해야 할지 몰라 저도 모르게 자기 몸을 때리고 벽에 머리를 찧는 것이지요. '이렇게 하면 엄마가 나를 봐 주겠지' 하는 숨은 의도가 없기 때문에, 과격한 행동을 하다가도 엄마가 기분을 잘 맞춰 주면 금세 기분이 좋아져 언제 그랬냐는 듯 잘 놉니다.

부모를 화나게 하거나 원하는 것을 얻기 위해 의도적으로 자해를 하는 것은 뇌 발달상 적어도 36개월 이후에나 가능한 일입니다. 세 돌이 지난 아이가 자기를 때리고 벽에 머리를 박는 등의 행동을 한다면 그것은 의도성이 있다고 할 수 있습니다. 하지만 이런 경우에도 행동의 원인을 찾아 근본적인 문제를 해결해야 하지, 다짜고짜 아이를 나무라서는 안 됩니다.

혼을 내기보다 아이의 감정을 조절해 주세요

제 스스로 조절이 안 되어 나오는 행동이므로 혼내기보다는 아이의 감정을 달래 줘야 합니다. 이럴 때 아이를 혼내거나 가르치려 하면 아이의 행동이 더욱 악화됩니다. 머리를 바닥에 박을 땐 우선 방석을 깔아 주세요. 그러면 아이는 두어 번 머리를 박다가도 곧 그 행동에 흥미를 잃게 됩니다.

이렇게 아이가 행동을 멈추고 나면 아이가 어지럽힌 것은 아이 스스로 치우게 하는 것이 좋습니다. 저는 경모가 음식을 토하고 그릇을 던질 때 아이의 기분이 풀리기를 기다렸다가 항상 청소를 함께 했습니다. 닦는 시늉이라도 하게 하세요.

이것은 아이에게 자신의 행동이 어떤 결과를 가져오는지 가르쳐 주고 스스로 그 결과를 책임지게 하는 방법입니다. 아이는 자아가 형성되는 시기에 있기 때문에 자신의 행동에 대해 이미 죄책감을 느끼고 있습니다. 치우는 동안 그 죄책감을 덜게 되어 자아 개발에도 도움이 됩니다.

절대 아이의 감정에 휘둘리지 마세요

아이가 자해를 할 때 가장 중요한 것은 부모가 아이의 감정에 휘둘리지 않는 것입니다. 대개 엄마들은 화부터 내는데, 엄마가 화를 내면 아이의 흥분된 감정이 더욱 고조되어 보다 과격한 행동을 하기가 쉽습니다. 그러니 이성적으로 판단하여 차분하게 대응해야 합니다. 숨을 크게 들이마신 뒤, 아이를 지켜보면서 흥분이 멈추기를 기다리세요. 보통 10분 정도가 지나면 부모가 말리지 않아도 스스로 멈춥니다. 이때 아이에게 "이렇게 화를 내면 안 돼" 하고 말해 주면 되는 것이지요. 엄마 말을 모두 알아듣지는 못하더라도 아이는 자신의 행동이 해서는 안 되는 행동이라는 것을 깨달을 수 있습니다.

또한 엄마가 자신의 행동에 반응하지 않으므로 그런 행동을 해 봤자 아무 소용도 없고 자기 기분만 나쁘고 힘들다는 걸 알게 됩니다. 그러면서 차차 나아지게 되지요.

간혹 아이가 자해를 할 때, 엄마가 없으면 아이가 어떻게 하는지 보려고 혹은 아이의 행동을 멈추게 하기 위해 일부러 숨는 엄마들이 있습니다. 자해의 원인 중 하나가 바로 엄마와 떨어지는 것에 대한 불안함입니다. 이러한 행동은 아이를 더 자극하므로 절대 해서는 안 됩니다.

아직 대소변을 못 가려요

[Question 07]

아이가 두 돌이 넘었는데도 아직도 대소변을 가리지 못해 걱정이라며 찾아오는 부모들이 있습니다. 그런데 진찰해 보면 아이는 아무 이상이 없는 경우가 대부분이지요. 부모들은 왜 지극히 정상인 아이에게 문제가 있다고 생각하는 걸까요?

대변을 가린다는 것은 아이가 새로운 발전 단계로 들어섰음을 뜻합니다. 대변을 가리게 되면 아이는 항문을 조절해서 변을 참기도 하고, 내보낼 수도 있게 되는데, 그걸 잘 하면 아이는 자신이 스스로 어떤 일을 해냈다는 데서 오는 만족감과 성취감을 경험하게 됩니다.

또한 대변을 가리게 되면 옷을 입고, 손을 씻고, 집 안을 정리하는 등 일상생활을 할 수 있는 심리적인 준비가 끝났음을 의미합니다. 따라서 대변 가리기는 아이의 성격과 부모와의 신뢰감을 형성하는 데 굉장히 중요한 역할을 한다고 볼 수 있습니다.

대소변 가리기 훈련은 생후 18개월 이상 된 아이를 둔 부모들의 주요 관심사이자 걱정입니다. 아이가 대소변을 가리기 시작하는 시기는 대개 18~30개월 사이지만 실제로 아이마다 차이가 큽니다. 최근 조사 결과에 따르면 우리나라 아이들은 평균 23개월 만에 기저귀를 뗀다고 합니다. 반면 독일은 평균 33개월, 영국은 평균 31개월, 미국은 평균 27개월이 걸리는 것으로 나왔습니다. 역시 '우리나라 아이들이 우수하고 똑똑하다' 라고 생각할 수도 있지만 기저귀를 빨리 떼는 것과 지능과는 아무런 관련이 없습니다. 그러니 36개월 안에만 대소변 가리기 훈련이 끝나면 별 문제가 없다고 생각해도 됩니다.

너무 빨리 억지로 시키는 것이 가장 큰 문제

문제는 부모의 조급증입니다. '옆집 아이는 벌써 기저귀를 뗐는데 우리 아이는 왜 늦는 거지?' 라고 생각하며 아이의 발달 정도를 무시하고 강압적으로 배변 훈련을 시키는 경우가 있는데, 이는 절대 아이에게 좋지 않습니다. 발달상 준비가 안 된 아이에게 억지로 훈련을 시키면 아이는 스트레스를 받아 오히려 훈련을 거부하게 됩니다. 변기에 앉거나 다가서는 것을 두려워하며 대변을 일부러 참다가 결국은 지리게 되는 것입니다. 게다가 이때 나온 굳고 딱딱한 변은 통증을 유발하여 아이로 하여금 대변을 더욱 참게 만드는 결과를 가져옵니다. 또한 엄마 아빠에게 야단맞는 것에 대한 두려움과 공포심 외에도 반항심과 적개심 등이 생겨서 아이가 난폭하고 공격적인 행동을 보일 확률이 높아집니다.

그러므로 부모는 아이에게 대소변 가리기 준비가 되었다는 신호가 나타날 때까지 기다리는 것이 좋습니다. 미국의 소아과 의사인 스포크 박사도 배변 훈련에서 가장 중요한 것은 부모의 인내심이라고 강조했을 정도니까요. 그리고 배변 훈련을 할 때는 아이를 변기에 앉힌 다음 힘주는 동작을 같이 해 주고, 아이가 잘 따랐을 경우에는 잘했다고 칭찬을 해 주는 것이 좋습니다. 엄마의 만족한 얼굴을 보면 아이도 덩달아 기뻐하게 되고 기분 좋은 배변이 머릿속에 남아 이후에도 배변을 조절할 수 있게 되기 때문입니다.

5세 이후에도 대소변을 못 가릴 경우

대소변 가리기는 대부분 36개월쯤 되면 가능하게 되는데, 만 4세가 지나서도 대소변 가리기에 문제를 보이는 경우가 있습니다. 그중에서 '야뇨증'은 만 5세 이상의 아이가 밤에 자면서 무의식적으로 소변을 배출하는 것으로, 일주일에 두 번 이상, 그것이 적어도 3개월 이상 지속되는 것입니다. 그런데 야뇨증은 5세 미만의 어린이 중 15퍼센트가 경험한다는 통계가 있을 정도로 흔한 질환입니다. 남자아이에게서 더 많이 나타나는 것은 일반적으로 남아의 발달이 여아에 비해 늦기 때문입니다.

그런데 소변을 잘 가리다가 어느 순간 지리기 시작해 6개월이 지난 뒤에도 계속해서 소변을 지리면 2차성 야뇨증으로 보며, 심리적 스트레스와 연관되어 나타날 가능성이 높습니다. 보통 첫째 아이의 경우 동생이 생겼을 때 야뇨증이 나타날 확률이 높고, 이사 등으로 인해 낯선 환경에 놓였을 때, 부모로부터 심한 격리나 처벌을 당했을 때, 지나친 대소변 가리기 훈련으로 스트레스를 받을 경우에도 야뇨증이 발생할 확률이 높습니다. 하지만 그럴 때일수록 심하게 혼을 내는 것은 좋지 않습니다. 여유롭고 너그러운 마음으로 아이를 다독여 주면 아이의 심리가 안정되면서 어느 순간 야뇨증이 사라지게 되니까요.

'유분증'은 대변을 가리지 못하는 현상으로 항문 근육을 조절하는 능력의 발달이 늦거나, 동생이 생기거나 부모가 심하게 싸우는 등의 심리적 요인이 서로 작용해 생깁니다. 아이가 대변을 가리지 못할 때에는 우선 변비를 유발하는 질병이 있는지를 확인해야 합니다. 하지만 항문 조절 능력이 충분히 발달하는 만 4세가 지났음에도 대변을 지린다면 발달 지연이나 발달 지체를 의심해 봐야 합니다. 그럴 경우에는 빨리 병원에 가서 전문가의 상담을 받아 볼 필요가 있습니다.

[Question 08]

문제 많은 우리 아이 병원에 가 봐야 할까요?

아이를 키우다 보면 지치고 힘들 때가 한두 번이 아니지요. 하루에도 열두 번씩 화가 나고, 행여 아이에 관해 싫은 소리라도 들으면 하루 종일 엄마 마음은 지옥 같습니다. 그래도 다른 아이들만큼만 자라 주면 좋겠는데, 엄마 뜻을 매번 거스르는 아이를 대하고 있으면 문득 이런 생각을 하게 됩니다.

'내 아이에게 무슨 정신적인 문제가 있는 건 아닐까?'

답답한 마음에 여기저기 물어보지만 그때마다 돌아오는 답은 모두 다릅니다. 아이는 원래 그렇다는 사람도 있고, 부모가 잘해 주지 못해서 그렇다는 사람도 있고, 얼른 고쳐 주지 않으면 나중에 더 큰 문제가 생긴다고 겁을 주는 사람도 있습니다. 고민을 하다 전문 기관을 찾아볼까 하고 생각을 하지만 우리나라에서는 아직까지 엄마들에게 소아 정신과의 문턱은 높기만 해서 쉽게 행동으로 이어지지 않습니다.

소아 정신과는 아이의 발달을 돕는 곳입니다

개인적으로 저는 소아 정신과의 명칭이 '발달 의학과'로 바뀌었으면 좋겠다는 생각을 합니다. 흔히 떠올리는 것처럼 소아 정신과가 아이의 심각한 정신 질환을 치료하는 역할만 하는 것이 아니기 때문이지요.

소아 정신과는 아이가 인지 · 정서적으로 정상적인 발달을 하고 있는지 체크하고, 만일 그렇지 않다면 주변에서 아이에게 어떤 도움을 주어야 하는지 등 아이의 발달과 관련한 모든 것을 다룹니다. 그것은 정신 질환의 치료에서도 기본적인 사항입니다. 아이의 생활 전반을 다루지 않고서는 그 어떤 병도 완치하기 어렵기 때문이지요.

그럼에도 불구하고 부모들이 소아 정신과를 찾지 못하는 이유는 두 가지입니다. 첫 번째는 주변의 시선을 너무 의식해서, 두 번째는 아이가 부정적인 자아상을 갖게 되지 않을까 하는 우려 때문입니다. 아이가 혹시 '내가 정신과에 올 만큼 문제가 있구나' 하는 마음에 상처를 입을까 두려운 것이지요. 하지만 정신과에 대한 이미지는 부모가 만들어 주는 것입니다. 아이는 정신과를 대할 때 뭔가 불안해하고 낯설어하는 부모의 얼굴에서 잘못됨을 인식할 뿐입니다.

성장기에 발달 검사를 받은 경모와 정모

저는 경모와 정모가 초등학교에 막 입학했을 때와 그 3~4년 뒤에 발달 검사를 시켰습니다. 특별한 문제가 있어서가 아니라 아이가 정상적인 성장을 하고 있는지 알아보고, 부족한 점이 있다면 엄마로서 도와줘야 한다는 생각에서였지요. 그리고 저는 두 아이에게 이렇게 말해 주었습니다.

"미국에서는 정신과를 가는 것이 부자들의 특권이란다. 몸이 아플 때 병원에 가는 것처럼 마음에 문제가 있을 때에도 병원에 가야 하는데, 당장 돈이 없으면 정신과에 가기가 어렵기 때문이지. 그러니 너희가 정신과에 갈 수 있는 것은 축복받은 일이야."

그랬더니 언젠가 경모가 그러더군요.

"엄마 있잖아, 우리 반에 너무 화를 잘 내는 애가 있어서 내가 말해 줬어. 너도 한번 우리 엄마에게 검사 좀 받아 보라고 말이야. 그러면 화를 안 내게 될 거라고."

소아 정신과는 단순히 병을 치료하는 곳이 아닙니다. 내 아이의 성장과 발달을 진단하고 부족한 부분을 채워 줄 수 있는 조력자 역할을 하는 곳이지요. 아이에게 소아 정신과에 대한 긍정적인 이미지를 심어 주기 위해서는 부모 스스로 먼저 편견에서 벗어나야 합니다. 또한 아이에게 왜 정신 건강이 중요한지 설명하는 것도 엄마 아빠의 몫입니다.

언제, 무슨 일로, 어떤 진단과 검사를 받을까

소아 정신과에서 진찰하는 연령은 0~18세입니다. 생후 5개월인 아이가 하루 종일 울기만 한다며 아이를 안고 저를 찾은 엄마도 있고, 어릴 때 저에게 치료를 받은 아이가 입시를 앞두고 불안이 심해졌다며 혼자 진단을 받으러 오기도 하지요.

소아 정신과에 오면 기본적으로 아이의 인지능력과 성격, 부모의 성격과 양육 태도를 검사하게 됩니다. 아이의 발달은 부모의 양육 태도와 밀접한 연관이 있기 때문에 아이뿐만 아니라 부모도 함께 검사를 하는 것이지요.

그리고 아이의 상태에 따라 보다 세부적인 검사를 합니다. 이때 연령과 문제의 심각성에 따라 검사 방법과 종류가 모두 다릅니다. 집중력의 경우 뇌 상태를 컴퓨터 검사로 정밀하게 분석하기도 합니다. 학습 능력이 떨어지는 경우 학습 능력 평가도 따로 하게 됩니다. 어린아이의 경우 정서 발달과 신체 발달 사이에 밀접한 연관이 있기 때문에 신체 발달 검사도 함께 이루어집니다.

아이가 어떨 때 소아 정신과를 찾아야 하느냐고 묻는 분들에게 저는 이렇게 말합니다.

"아이가 정상적으로 환경에 적응하지 못할 때, 주변에서 계속 도와주어도 아이 스스로 힘든 상황을 헤어 나오지 못할 때 진단을 받으세요."

아이가 이유 없이 문제 행동을 할 때 '크면 좋아진다'라며 넘기는 경우가 많습니다. 아주 틀린 말은 아닙니다. 아이들은 자라면서 지능이 발달하고 사회성도 생겨서 자연스럽게 문제 행동이 사라지는 경우도 많으니까요. 그러나 그것도 부모나 선생님이 감당할 수 있는 범위 내에서의 이야기입니다. 혹 엄마는 문제라고 생각하는데 주변에서 괜찮다고 한다면, 아이를 가장 잘 아는 사람은 엄마이므로 엄마 스스로의 판단을 따르도록 하세요.

그리고 아이에게 어려움이 있을 때는 되도록 빨리 도움을 주는 것이 좋습니다. 4세에 반항기가 있는 아이를 치료하는 것과 4학년이 되어서 완전히 반항기가 굳어 친구를 때리고 어른한테 화내는 아이를 치료하는 것은 큰 차이가 있습니다. 반항기가 처음 보일 때였다면 6개월 안에 끝낼 수 있는 치료가 나중에 하게 되면 2년이 넘게 걸립니다. 반항기로 인해 다른 문제들이 연달아 발생하기 때문이지요. 특히 언어 장애 등 발달 지연의 경우 치료는 빠르면 빠를수록 좋습니다.

가끔 약물 치료에 대해 지나친 거부감을 보이는 부모도 있는데, ADHD(주의력결핍 과잉행동장애)나 강박증, 틱 장애 등은 대개 뇌의 기능적 문제가 원인이기 때문에 약물 치료가 매우 효과적이고 부작용도 생각처럼 크지 않습니다. 그 밖에 심리적인 원인으로 발생하는 문제들은 심리 치료와 부모 교육, 집단 치료 등을 통해 증상을 완화시킬 수 있습니다. 학습 장애가 있는 아이의 경우 전문적인 학습 치료를 병행하기도 합니다.

지나치게 소심하고 마음이 약해요

[Question 09]

예의범절을 중요시하는 우리 문화에서는 말 잘 듣고 얌전한 아이를 선호하는 경향이 오랫동안 이어져 내려왔지요. 그런데 요즘은 갈수록 경쟁이 치열해지는 사회 분위기 탓에 얌전하고 조용한 아이를 걱정하는 엄마들이 적지 않습니다.

"저렇게 마음이 약해서 앞으로 어떻게 세상을 살까요. 조금 드센 친구 앞에서는 말도 제대로 못한다니까요. 늘 기가 죽어 있는 것 같아 걱정스러워요."

무엇이든 천천히 적응할 수 있도록 배려를

아동 발달에 있어서는 아이마다 고유한 기질이 있으며, 그런 기질을 고려하여 아이를 길러야 한다는 것이 많은 학자들의 지배적인 주장입니다. 그중에는 새로운 것에 대한 적응이 유난히 느리고 수줍음이 많으며 불안이 많은 기질이 있는데, 이런 기질을 가진 아이들이 어릴 때 낯선 환경에서 놀란 경험이 많을 경우 성인이 되어서 우울증이나 불안 장애 등을 앓게 될 확률이 높다고 합니다. 따라서 부모의 양육 태도가 매우 중요하지요.

우선 먼저 아이의 기질을 그대로 인정해 주어야 합니다. 아이의 기질을 바꾸겠다고 새로운 환경에 억지로 적응시키려 하거나 낯선 사람과 계속 만나게 하면 아이는 내성적인 면이 더욱 강화되고 마음의 문을 닫아 버리게 됩니다. 또한 아이가 잘 울고 마음 약한 행동을 할 때, 이를 나무랄 것이 아니라 따뜻하게 위로하고 상처받지 않도록 보호해 주어야 합니다.

이런 아이들의 경우 특히 새로운 장소에 적응하는 것을 힘겨워합니다. 아이가 좋아할 만한 물건을 새로운 장소에 가져다 두는 등 천천히 적응할 수 있도록 배려해 줄 필요가 있습니다. 또한 친구를 사귀게 하려고 단체 생활을 억지로 시켜서도 안 됩니다. 제가 돌봤던 아이 중에는 아이에게 사회성을 길러 주겠다고 억지로 유치원에 보냈다가 불안 장애를 일으킨 경우도 있습니다.

칭찬이 가장 좋은 약입니다

기질적인 요인이 아니라 어릴 때부터 형성된 부정적인 자아상 때문에 아이가 소심해지는 경우도 있습니다. 엄마가 아이에게 하기 싫은 공부를 억지로 시킨다거나, 아이 앞에서 남편과 싸운다거나, 오랜 시간 아이를 다른 곳에 맡기는 등 강압적이고 무관심하게 아이를 대하면 아이는 긍정적인 자아상을 만들지 못합니다. 이런 경험이 누적될 경우 아이는 결국 자신감을 갖지 못하고 '나는 불행하고 늘 야단맞는 아이'라는 생각을 하게 되지요.

이런 부정적인 자아상을 가진 아이들에게는 칭찬이 약입니다. 칭찬을 기반으로 잃어버린 자신감을 찾아가는 과정에서 아이는 일시적으로 고집을 피우거나 반항하는 모습을 보이기도 합니다. 그러나 그것은 그동안 억눌려 왔던 자기주장을 한꺼번에 표현하느라 보이는 행동입니다. 이때 부모가 따뜻하게 감싸 주면 아이는 제 스스로 행동을 고쳐 나갑니다. 간혹 그것이 예의범절에 어긋나더라도 야단을 치지는 마세요. 예의범절은 자신감이 생긴 뒤에 가르쳐도 늦지 않습니다.

형제끼리 자주 다퉈요

[Question 10]

흔히 형제들은 애초부터 서로를 아낀다고 생각하지만 형제애는 저절로 생기는 것이 아닙니다. 큰아이는 동생이 태어나면 사랑과 관심을 빼앗기는 것 같아서 시기하고, 동생 역시 엄마의 사랑을 독차지하기 위해 심술을 부립니다. 그러니 부모의 사랑을 두고 치열하게 경쟁하는 사이라고 보는 게 맞지요.

개인적으로 저는 형제의 관계가 우애로우려면 둘의 터울이 적어도 3년 이상 되는 게 좋다고 생각합니다. 한 살이라도 젊을 때 키워야 한다고 1~2년 터울로 둘째를 낳기도 하는데, 이 경우 큰아이가 둘째를 '돌봐 주어야 할 존재'로 인식할 만큼 정서 발달이 되지 않아 괴롭히고 못살게 굴기 쉽습니다. 엄마가 보지 않을 때를 틈 타 몰래 꼬집고 때리거나, 형 노릇을 한답시고 사사건건 방해하며 기합을 주는 식으로 말이지요.

동생을 본 형의 마음을 이해해 주세요

큰아이 입장에서는 엄마의 사랑을 빼앗길까 봐 두려워 동생을 괴롭히는 것인데, 대부분의 엄마들은 이럴 경우 큰아이를 혼내고 야단칩니다. "형이 되어 가지고", "언니답지 못하게" 하면서 말이지요. 그러나 이때 가장 먼저 할 일은 큰아이의 마음을 이해해 주는 것입니다.

특히 큰아이의 나이가 어리면 어릴수록 엄마가 평소보다 더욱 관심을 기울여야 하지요. 갓난아이인 둘째를 보는 것이 힘이 들어 큰아이를 다른 사람 손에 맡기는 경우가 많은데, 오히려 동생을 다른 사람과 함께 돌보고 엄마는 형에게 더 신경을 써야 합니다. 이 시기에 큰아이를 엄마 곁에서 억지로 떨어트려 놓으면 큰아이에게 동생에 대한 첫인상이 부정적으로 자리 잡아 갈등의 씨앗이 됩니다. 또한 큰아이에게 동생을 돌보게 하여 동생의 의미를 인식시켜 주는 것이 좋습니다. '동생은 나보다 약하고 도와줘야 하는 사람'이라고 생각하게 만드는 것이지요.

만약 이때 큰아이의 마음을 잘 보듬어 주지 않으면 퇴행 현상을 보이기도 합니다. 소변을 잘 가리던 아이가 갑자기 소변을 지리고, 동생의 젖병에다 우유를 먹으려고 합니다. 밥도 저 혼자 안 먹고 먹여 달라고 떼를 쓰지요. 그럴 때에는 하고 싶은 대로 하게 그냥 두세요. 마음의 갈증이 풀리면 제 스스로 행동을 멈출뿐더러, 몇 번 하면 불편해서라도 그만두게 됩니다. 이런 행동을 보이는 아이의 마음도 편치 않기 때문에 "엄마가 어떻게 도와주면 좋겠니?"라는 따뜻한 말로 위로하는 것이 좋습니다.

전혀 다른 두 아이를 키운다고 생각하세요

그렇다면 동생 입장은 어떨까요? 둘째를 키울 때 부모들은 큰아이를 키우며 겪었던 시행착오를 경험 삼아 아이를 키웁니다. 큰아이를 키우던 것이 리허설이라면, 둘째를 키우는 것은 본 공연이라고 말하는 엄마도 있습니다. 하지만 이것은 위험한 발상입니다. 큰아이를 키우며 깨닫게 된 방법을 교훈 삼는 것은 좋지만, 그것이 둘째에게도 적용되리라는 법은 없습니다. 다만 참고할 수 있을 따름이지요.

보통 둘째는 형이 하는 것은 무엇이든 저도 하겠다고 나섭니다. 형의 장난감이나 인형을 빼앗으려 들고, 형이 어린이집에 가면 저도 가겠다고 따라나섭니다. 그런데 일부 부모들은 이를 이용해 아이를 가르치려고 해 결과적으로 형제간의 경쟁 심리를 부추깁니다. "형은 저렇게 잘하는데" 하면서 말이지요.

동생 입장에서 형은 저보다 먼저 태어나서 엄마의 사랑을 더 많이 받을 수밖에 없는 존재입니다. 넘을 수 없는 존재인 형을 따라잡기 위해 동생은 늘 힘이 들지요.

저는 두 아이를 키울 때 처음부터 경쟁이 생기지 않도록 주의했습니다. 하다못해 책 한 권을 사도 각자의 성격과 관심에 맞는 것을 골라, 따로 가질 수 있도록 했지요. 조금 번거롭기는 했지만 어린이집이나 유치원도 각각 다른 곳으로 보냈습니다. '누구의 동생 누구', '누구의 형 누구'로 불리며 비교당하는 일이 없도록 하기 위해서였지요.

초등학교에만 가도 남과의 경쟁에 시달리게 될 아이들입니다. 안 그래도 다툴 수밖에 없는 형제끼리 서로 비교하고 경쟁하는 것은 아이들에게 아무런 도움이 되지 않습니다.

무엇보다 중요한 것은 아이들이 어떤 행동을 보일 때 행동 그 자체만을 보지 않는 것입니다. 아이들은 지금 사랑을 빼앗기지 않기 위해 무척 애를 쓰는 중이니, 겉으로 보이는 행동만으로 아이를 나무라서는 안 됩니다.

혹시 형이 동생을 너무 잘 돌본다면 '그렇게 해서라도 엄마의 사랑을 잃고 싶지 않아서'일 수도 있습니다. 충족되지 못한 사랑에 대한 갈증을 다른 형식으로 풀고 있지 않은지 한 번쯤 살펴보세요. 또한 부모가 두 아이를 정말 공정하게 대하고 있는지도 되짚어 보길 바랍니다.

친구와 어울리지 못하고 혼자 놀아요

[Question 11]

친구들 사이에 두어도 재미를 느끼지 못하고 혼자만 노는 아이들이 있습니다. 아이들끼리 티격태격 싸우기도 하면서 함께 어울려 지내면 좋으련만, 좋아하는 친구도 없고 제 고집이 강해 친구들 사이에서도 환영을 받지 못하지요. 늘 따로 떨어져 혼자 노는 아이. 엄마는 아이를 저대로 두어도 좋을지, 더 늦기 전에 엄마가 나서야 하는 것인지 알 수가 없지요.

아이들이 친구 사귀는 걸 힘들어하는 이유가 뭘까요? 성격이 예민하거나 고집이 센 아이의 경우 친구 사귀는 데 어려움이 많은 건 당연합니다. 남과 나누기는커녕 누군가가 자기 물건을 만지는 것조차 싫어하고, 친구 사이에서 저만 최고여야 한다면 당연히 친구들과 잘 지내기가 어렵지요.

드센 남자아이들의 경우에는 친구를 잘 놀리고 괴롭히기도 합니다. 물론 악의를 가지고 행동하는 것은 아닙니다. 아직 자기표현이 미성숙하여 관심과 호감을 그렇게 드러내기도 하고, 뇌가 아직 덜 성숙하여 자기 행동이 남을 괴롭힐 수 있다는 사실을 인식하지 못한 탓이기도 합니다.

또한 기질적으로 소극적이고 조용한 아이의 경우 친구에게 말을 먼저 거는 일을 매우 힘들어합니다.

아이가 친구를 사귀지 못하는 데에는 이렇듯 기질상의 문제, 뇌 발달상의 문제 등 여러 가지 원인이 있습니다. 그러니 이 문제를 해결하기 위해서는 내 아이의 특성과 현재 아이가 처한 환경, 엄마의 양육 태도 등을 모두 함께 살펴봐야 합니다.

집에서 잘 노는 아이가 친구와도 잘 놉니다

우선적으로 따져 봐야 할 것은 엄마와 아이의 관계입니다. 엄마와 사이가 좋고 잘 노는 아이는 집 밖에 나가서도 다른 사람들과 잘 어울려 놉니다. 엄마를 통해 세상이 재미있고 살 만한 곳이라는 걸 깨닫고, 조금씩 그 범위를 확장시켜 나가는 것이지요. 반대로 집에서 엄마와 매일 전쟁을 치르고 야단만 맞는 아이는 밖에 나가서도 친구를 잘 사귀지 못합니다.

또한 아빠나 형제 등 다른 가족과의 관계도 살펴볼 필요가 있습니다. 가족은 아이가 만나는 첫 번째 사회라고 할 수 있습니다. 그러므로 아이가 가족 안에서 일차적인 사회관계를 잘 구축하고 있는지를 살펴야 하는 것이지요. 가족 앞에서 자기가 하고 싶은 것과 하기 싫은 걸 표현하고 있는지 살펴보세요. 또 형제를 배려하고 형제와 타협할 수 있는지도 눈여겨보세요. 가정 안에서 이런 기본적인 능력을 갖추어야만 친구를 사귀는 데 무리가 없습니다.

아이에게 친구를 만들어 줄 때에는

아이가 친구 사귀기를 힘들어하면 부모들은 아이에게 용기를 주는 방법으로 태권도나 말하기 등을 가르치기도 합니다. 하지만 그런 것을 가르친다고 없던 용기가 갑자기 생기거나 자신감으로 이어지지 않습니다. 내성적이고 소극적인 아이라면 오히려 더 겁을 먹고 자기 안으로 움츠러들어 대인 관계를 더 오래 기피할 수 있습니다.

아이가 어느 정도 친구를 사귈 준비가 되었다는 판단이 든다면, 강요하는 식보다는 일상생활 속에서 자연스럽게 기회를 만들어 가는 방법이 좋습니다. 이를테면 우연히 새로운 친구를 만났을 때, 친구와 함께하면 더 재미있는 놀이를 알려 주거나 친구를 잘 사귀는 방법을 넌지시 일러 주는 식으로 말이지요.

또한 평소에 아이에게 대인 관계를 만들어 가는 방법을 말해 주는 것이 좋습니다. 어른은 물론이고 아이들의 세계에서도 관계 맺기는 이름을 기억하는 것에서부터 시작합니다. 그러니 새로운 친구를 만나면 이름을 기억하고 불러 주는 것이 좋다고 말해 주세요.

또 친구의 말을 잘 들어 주는 것이 중요하다고 가르쳐 주세요. 아이는 자기중심적인 사고를 하는 것이 특징이지만, 다른 친구들의 감정과 생각을 이해하는 게 왜 필요한지 가르쳐 주고 조금씩 또래 아이들을 이해할 수 있도록 도와주는 게 좋습니다. 다른 친구의 생각과 느낌을 입장 바꿔서 경험하게 해 주는 것도 한 방법입니다.

또 자기 물건을 나눠서 쓰게 하는 배려를 가르쳐 줘야 하는데, 아이에게 아직은 싫은 경험일 것입니다. 이때 엄마와 먼저 나눠 쓰는 연습을 하다 보면 아이도 조금씩 그 의미를 이해하게 될 것입니다.

무엇보다 중요한 것은 부모의 모범입니다. 부모가 다른 어른들과 좋은 관계를 유지하는 모습을 보며 자란 아이는 자연스럽게 그 모습을 닮아 가게 되어 있습니다. 그러니 부모로서 항상 이 점을 명심하며 생활해 나가세요.

자꾸 거짓말을 해요

[Question 12]

아이가 거짓말을 하면 부모는 놀라고 당황합니다. '거짓말은 나쁜 것이고 배워선 안 되는 것'이라는 고정관념이 머릿속에 박혀 있기 때문이지요. 그래서 일단 혼내고 다시는 거짓말을 하지 말라고 가르칩니다.

하지만 현명한 부모라면 아이가 거짓말을 할 때, 그 순간을 놓치지 않고 아이가 거짓말을 하게 된 동기가 무엇인지, 거짓말을 할 정도로 스트레스가 될 만한 것이 있는지, 아이의 정서상에 다른 문제가 있는 건 아닌지 먼저 살펴보아야 합니다. 거짓말을 일종의 신호로 여기는 것이지요.

아이가 거짓말을 하는 이유

아이는 아직 논리적인 사고 체계가 발달하지 않았기 때문에 현실을 있는 그대로 보지 못하고 지극히 주관적이고 비현실적으로 해석합니다. 그래서 불안하고 피하고 싶은 상황에 직면하면 사실과 전혀 다른 이야기를 만들어 내기도 하고, 그 이야기를 진짜인 것처럼 믿어 버리기도 하지요. 바로 들통날 거짓말을 천연덕스럽게 하는 것은 아이가 나빠서가 아니라 발달상의 특징인 것입니다.

특히 하기 싫은 일을 할 때 아이는 거짓말을 자주 하게 됩니다. "손 씻었니?" 하고 물었을 때 "네" 하고 대답하는 아이. 엄마가 아이 손을 확인하고 야단을 치면 손을 뒤로 숨기면서도 끝까지 씻었다고 하거나, 방금 거짓말을 한 건 어느새 잊어버리고 "이제 씻을 거예요."라고 하지요. 꾸며서 말하는 상상력은 있어도, 이후에 바로 들킬 것을 알 만큼 논리적이지 못하기 때문에 하기 싫은 일에 대해서는 일단 거짓말부터 하고 보는 것입니다.

이때 엄마가 심하게 혼내면 아이는 거짓말을 해서 혼나는 게 아니라, 거짓말을 들켜서 혼나는 것이라고 생각합니다. 엄마에게 혼나는 것만큼 아이가 두려워하는 일은 없습니다. 그래서 아이는 혼나지 않기 위해서, 즉 사실을 잘 숨기기 위해 더 큰 거짓말을 하게 됩니다.

아이의 거짓말에 이기심이나 나쁜 의도가 있는 것이 아닙니다. 자아관이 형성되는 과정에서 자기중심적인 사고를 하다 보니 현실적이지도 않고 객관적이지도 않은, 즉흥적이고 단순한 거짓말을 하는 것이지요. 따라서 아이가 거짓말을 할 때는 일방적으로 야단을 치지 말고 아이가 왜 거짓말을 하게 됐는지 그 이유를 살펴봐야 합니다. 아이에게 불안감과 스트레스를 주어 순간적으로 거짓말을 하게 만드는 것부터 찾아 없애 주라는 뜻입니다.

손 씻었다고 거짓말을 하는 아이의 심리에는 '손 씻기가 너무 싫어. 왜 엄마는 자꾸 씻으라고만 할까' 하는 불만이 숨어 있겠지요. 이런 경우라면 엄마가 아이와 손을 함께 씻으면서 손을 안 씻으면 뭐가 나쁜지, 엄마가 왜 손을 깨끗이 하라고 하는지 기분 좋게 설명해 주세요. 그리고 한 번이라도 제 스스로 손을 씻었다면 아낌없이 칭찬해 주세요.

거짓말에 현명하게 대응하는 법

"그대로 두었다가 버릇이 되면 어떻게 하죠?"

엄마들이 이렇게 묻습니다만 아이가 하는 순간적이고 즉흥적인 거짓말, 금세 들통날 뻔한 거짓말은 뇌가 성숙하고 발달하면서 차차 사라집니다. 앞서 말한 대로 야단치고 심하게 윽박지르면 불안한 마음에 또 다른 거짓말을 하기 쉽고, 이런 과정에서 부정적인 자아상이 만들어질 수 있습니다.

우선 거짓말을 한 아이의 마음을 이해해 주고, 이해하고 있다는 것을 말로 표현해 주세요.

"엄마에게 거짓말할 만큼 손을 씻기가 싫었구나. 그런데 왜 손을 씻기가 싫었을까?"

엄마가 이해해 주었다는 사실만으로 아이는 불안감과 스트레스로부터 벗어나고, 같은 상황에서 아이가 거짓말을 하는 횟수도 줄어듭니다. 그런 다음엔 아이에게 왜 거짓말이 안 좋은 건지 설명해 주어야 합니다. 그리고 다음에 또 거짓말을 하면 어떤 조치를 취할 것이라고 미리 일러두세요. 물론 그 조치는 일방적인 것이 아니라 아이도 합의한 것이어야 합니다. 참고로 아이가 잘못한 일에 대한 벌로는 아이가 좋아하는 걸 하지 못하게 하는 것이 적절합니다. 처음부터 강도를 높게 잡지 말고 아이가 잘못을 거듭할수록 강도를 높여 가는 것이 효과적입니다.

아이가 자위행위를 심하게 해요

[Question 13]

"이제 겨우 네 살밖에 안 됐는데 어디서 배웠는지 자꾸 고추를 만지작거려요. 처음 한두 번은 그냥 모른 척 넘어갔는데 이제는 사람들이 있어도 멈추지 않고 계속 만지니 어떡하면 좋죠?"

"두 돌이 막 지난 딸이 다리 사이에 인형을 끼워 넣고 힘을 주더니 얼굴이 빨개지네요. 못 하게 했더니 이제 숨어서 몰래 해요."

많은 부모들이 아이가 자위하는 모습을 목격하고 당황합니다. 창피한 마음에 누구에게 물어보지도 못하고 속으로만 끙끙 앓는 부모도 있습니다. 이는 아이의 자위행위를 어른의 시각에서 '성적인 행위'로 판단을 내리기 때문입니다.

하지만 아이에게서 보이는 자위행위는 성적인 의미를 포함하지 않은 단순히 감각적인 즐거움을 좇는 행위로서, 발달상 정상적인 행동입니다. 어른들처럼 성적인 상상을 동반하는 심리적 요소 없이 단순히 쾌감을 좇는 감각적 요소만 있을 따름이지요.

생후 6개월쯤 되었을 때 아이가 자기 몸 여기저기를 만지다가 우연히 성기를 발견하면서부터 호기심이나 장난으로 성기를 만지게 됩니다. 엄마가 기저귀를 갈아 주다가 성기를 건드릴 때 쾌감을 느끼는 수도 있지요. 성기를 만지면 기분이 좋아진다는 걸 알게 된 아이는 성기를 만지거나 다른 물건에 비비며 즐거움을 좇게 됩니다. 그러다 보면 돌 전 아이도 발기가 될 수 있습니다. 또한 36개월을 넘어서면서부터 남녀 구분이 조금씩 가능해지면 이성의 성기에도 관심을 보입니다. 스웨덴의 한 연구 결과에 따르면 아이들은 5~6세 사이에 자위행위를 가장 많이 한다고 합니다. 그러던 것이 초등학교에 들어가면서부터 서서히 없어집니다. 학교에 들어가면 훨씬 재미있고 즐거운 일이 많아지고, 다른 고차원적 놀이를 즐길 수 있을 만큼 두뇌가 발달하기 때문입니다.

아이가 자위행위에 집착하는 이유, 사는 게 재미없거나 엄마의 사랑이 부족하거나

하지만 아이가 지나칠 만큼 자위행위에 집착하고, 사람이 많은 장소에서도 아무렇지도 않게 자위를 한다면 심리적 문제가 있는 건 아닌지 살펴봐야 합니다. 먼저, 아이는 엄마와의 애착 관계가 불안정할 때 자위행위에 집착할 수 있습니다. 또한 본능적인 놀이 욕구가 채워지지 않아도 자위행위에 몰입합니다. 즉 더 재미있고 즐거운 일을 찾지 못해서 성기를 만지며 노는 것이지요. 스트레스가 많을 때에도 자위행위에 집착할 수 있습니다. 갑자기 젖을 뗐거나 동생이 생겼을 때, 유치원이나 어린이집에 갑자기 가게 됐거나 친척에게 맡겨졌을 때 등이 대표적인 예입니다.

그러므로 아이가 자위행위에 집착한다면 아이에게 부족한 것이 무엇인지, 엄마에게 불만은 없는지, 아이가 무엇에 가장 재미를 느끼는지 등을 하나씩 따져 봐야 합니다. 그 원인이 무엇이든 방법은 두 가지로 요약됩니다. 관심과 사랑을 충분히 쏟아 아이가 애정에 목말라 하지 않게 하는 것과 보다 재미있는 놀이로 관심을 분산시키는 것이지요. 충분히 애정을 표현하면서 적극적으로 아이와 놀아 주세요. 아이가 심심해 보이면 공놀이를 하거나 함께 그림을 그리는 등 다른 것에 관심을 돌리게 하여 몸을 향한 집착을 조금씩 줄여 가는 것입니다. 아이는 어른에 비해 집착의 정도도 심하지 않고, 쉽게 잘 잊는 특성이 있으므로 엄마가 노력하면 개선될 수 있습니다.

단, 아주 드물게 성폭행 이후 자위행위가 심하게 나타날 수 있으니 주의할 필요가 있습니다.

아이에게 성교육을 시킬 때에는

부모들이 알게 모르게 아이들은 성적인 놀이를 많이 합니다. 이성 친구의 성기를 만지기도 하고 자신의 성기를 서로 보여 주기도 합니다. 아이가 자위행위를 하거나 아이들끼리 성적인 놀이를 하는 모습을 발견했다면, 바로 그때가 부모가 성교육을 해야 하는 시점이라고 생각하면 됩니다.

이때 감정적으로 대응하여 화를 내거나 야단치지 않는 것이 중요합니다. 엄마가 화를 내면 아이는 필요 이상의 죄책감과 수치심을 느끼게 되고, 이는 아이에게 성에 대해 부정적인 인식을 갖게 합니다. 그러니 이렇게 말해 주세요.

"수영복으로 가리는 부분은 만져서도 안 되고 보여 줘서도 안 된단다. 친구들끼리 그러는 건 예의 없는 행동이야. 엄마 아빠도 목욕시킬 때가 아니면 네 몸을 보거나 함부로 만지지 않는데, 네가 다른 아이의 소중한 곳을 만지면 안 되겠지?"

만일 자위행위가 지나쳐 성기 부위에 염증이 생긴다면 늘 청결에 신경 쓰면서 아이 혼자 있는 시간을 가급적 줄이도록 하세요. 이때 주의할 것은 아이의 행동을 감시하고 혼내는 것이 아니라, 그것이 별로 좋지 않은 행동이고 엄마를 비롯한 그 누구도 원하지 않는 행동임을 아이에게 지속적으로 일깨워 주어야 한다는 점입니다.

아이가 때려야 말을 들어요

[Question 14]

아이를 기르다 보면 한 번쯤 아이가 남의 집 곳곳을 헤집어 놓거나, 텔레비전 광고에 나오는 장난감은 무조건 사 달라고 떼를 쓰는 통에 화가 치밀었던 기억이 있을 겁니다. 급기야 손부터 올라가서 엉덩이를 몇 대 때리고 후회했던 적도 있을 거고요.

아이에게 매를 드는 걸 좋아하는 부모는 세상 어디에도 없습니다. 말로 하니 안 돼서, 너무 화가 나 순간적으로 참지 못해서 매를 들고는 뒤돌아 우는 것이 우리 엄마들이지요. 그런 엄마들에게 가장 많이 받는 질문 중 하나가 바로 체벌 문제입니다.

"매를 들어야지 말을 들어요. 막 떼를 쓰다가도 매만 들면 울음을 그치거든요."

"버릇을 잡기 위해서 어느 정도 체벌은 필요하지 않나요?"

체벌이 좋지 않은 이유

매를 드는 것이 과연 옳은가에 대해 여전히 말이 많습니다. 부모들의 가치관이 변해서 이제는 매로 아이를 가르친다는 생각이 많이 없어졌지만, 버릇을 들이기 위해 정말 필요한 순간에는 단호하게 매를 들어야 한다는 사람도 있습니다.

지금 부모들도 어릴 때 자기 부모에게 한 번쯤은 맞은 경험이 있는 사람들이 대부분입니다. 형제끼리 싸우다가, 놀다가 집에 늦게 와서, 부엌의 그릇을 깨트려서, 벽지에 낙서를 해서, 엄마 몰래 사탕을 먹어서……. 맞을 이유는 정말 많았지요.

하지만 맞았던 바로 그 순간을 떠올려 보면, 가장 먼저 생각나는 것은 엄마의 무서운 눈과 매를 맞았을 때의 분노, 수치심, 무서움 등이 아닌가요? 그것으로 인해 정말 자신의 잘못을 깨닫고 반성했다고는 말할 수 없을 겁니다. 결국 체벌은 엄마와 아이 사이를 나쁘게 만들 뿐, 옳고 그름을 깨닫고 그 가치관에 따라 행동하게 된 것이 체벌 때문은 아니라는 뜻이지요. 매가 무섭고 아파서 맞는 순간은 잘못했다고 말하지만 아픔이 가시고 나면 수치심과 부모에 대한 원망과 분노만이 남습니다.

체벌이 나쁜 이유는 또 있습니다. 아이를 한번 매로 다스리기 시작하면 점점 그 강도가 세져야 한다는 것이지요. 그러면 아이는 매가 무서워 말을 들을 뿐, 스스로 판단해 바른 행동을 하게 될 기회는 점점 줄어듭니다. 또한 힘이 갖는 위력을 인상 깊게 배우게 되어, 원하는 것이 있을 때 힘으로 그것을 얻을 수 있다고 생각하게 됩니다.

가장 큰 문제는 체벌로 인해 아이가 자신감을 잃어버리는 것입니다. 매를 들면 들수록 아이는 자신을 '나쁜 아이'로 생각하게 되고, 자신이 갖고 있는 문제가 나아질 수 없다는 생각에 자포자기하고 맙니다.

그래도 매를 들게 된다면

그러나 이런 부정적인 요소들에도 불구하고 아이를 기르다 보면 어쩔 수 없이 아이에게 매를 들게 되는 경우가 있습니다. 그럴 때에는 매를 들기 전에 부모 자신의 감정을 먼저 추스려야 합니다. 흥분된 상태에서 매를 들면 아이의 행동을 지적하기보다 아이 자체를 비난하게 되어 마음에 상처를 줄 수 있습니다. 아이는 자신의 행동이 잘못되었다기보다 자신이 나쁜 사람이라는 생각을 하게 되고요. 그리고 정해진 장소에서 정해진 매로 때려야 합니다. 아무 데서나 분이 풀릴 때까지 때리는 것은 좋지 않습니다. 매를 들기 전에는 왜 때리는지, 지금 몇 대를 어떻게 때릴 것인지, 또 잘못을 하면 어떻게 할 것인지 등을 차분하게 설명해 주세요. 또한 매를 댄 후에는 반드시 달래 주어야 합니다. 아이에게 엄마에 대한 원망이나 분노, 자신에 대한 부정적인 이미지가 남지 않도록 잘 안아 주고, 매를 대어서 엄마 마음 또한 아프다는 것을 설명해 주는 것이 좋습니다.

아이가 엄마 아빠를 우습게 봐요

[Question 15]

시대가 바뀌면서 바른 부모상도 많이 바뀌었습니다. 많은 부모들이 권위적이고 강압적인 부모보다는 친구처럼 다정한 부모가 되고 싶어 하지요.

부모들이 변한 만큼 아이들의 모습도 많이 바뀌었습니다. 흔히 요새 아이들은 버릇없고 이기적이라는 말을 많이 하는데, 실제로 저는 진료실에서 아이가 엄마를 무시하고 제멋대로 구는 모습을 종종 봅니다. 그럴 때 엄마들은 어떻게 아이를 다뤄야 할지 몰라 쩔쩔매다가 결국 아이가 하자는 대로 끌려갑니다. 어떤 아이는 가만히 있는 엄마의 머리를 쥐어뜯고 때리고, 난동을 부리기도 하더군요.

아이 뜻에 지고 마는 부모의 속마음

물론 아이를 사랑으로 대하면서 아이의 눈높이에 맞춰 양육을 해야 하는 것은 맞습니다. 엄마와 친밀한 관계를 유지하는 것은 성장기 아이들의 최대 발달 과제이고, 이것이 이뤄지지 않는 한 그 어떤 정서적 성장도 기대하기 어려우니까요.

하지만 그것이 무조건 아이가 하자는 대로 끌려가는 것을 의미하지는 않습니다. 엄마들은 아이가 잘못 성장할까 봐 걱정하는 동시에 아이가 엄마를 싫어하면 어쩌나 걱정을 합니다. 아이가 엄마의 사랑을 잃을까 봐 두려워하는 것처럼, 엄마 역시 아이로부터 외면당하지 않을까 두려운 것이지요.

그런 마음이 부모와 아이 간에 꼭 있어야 할 경계선을 무너트리고 맙니다. 사랑을 베풀 줄은 알아도 그 사랑을 현명하게 표현하는 법을 잘 모르는 부모들이 그저 아이에게 무조건 맞춰 버리는 것이지요. 그 결과 아이는 부모를 자상하고 애정 많은 부모로 인식하는 것이 아니라 우습게 보게 됩니다. '내가 원하는 것을 사 주는 사람', 더 심한 경우 '나 없이는 못 사는 사람'으로 인식하고 그것을 이용합니다. 심지어 어떤 엄마는 "지갑에 돈이 있어야 아이가 말을 듣는다"라고도 하더군요. 아이가 부모를 한번 우습게 생각하기 시작하면, 아이가 자랄수록 부모로서 끌어 주는 역할을 하기가 힘들어집니다. 아이가 부모를 부모로 인식하지 않고 어떤 말을 해도 들으려고 하지 않게 되는 것이지요.

부모와 아이의 관계는 친밀하게 유지되어야 하지만, 경계 또한 분명해야 합니다. 가정 안에서 부모가 아이보다 상위에 있고, 보호자로서 아이의 길잡이 역할을 하고 있음을 부모와 아이 모두 인식하고 그것이 실제로 이루어져야 합니다.

존경받는 부모로 서야 합니다

한마디로 말하자면 존경받는 부모가 되어야 합니다. '친구 같은 멘토'라고나 할까요. 아이가 생각하기에 늘 곁에 있어 도움을 청할 수 있으면서 닮고 싶은 사람 말이지요.

하지만 이것은 부모가 억지로 권위를 내세운다고 될 일이 아닙니다. 먼저 부모 스스로 올바른 삶을 사는 게 중요합니다. 부모가 자신의 삶에 충실한 모습을 보이면서 늘 아이의 입장에서 사랑을 베풀되, 아이를 바로잡아 줘야 하는 순간이 오면 흔들림 없이 단호한 모습을 보여 주세요.

저는 이것을 설명할 때 돼지를 치는 농부를 비유로 듭니다. 돼지를 몰고 밭길을 지날 때, 농부는 돼지 무리를 앞세우고 뒤를 따르지요. 한참을 잘 가던 돼지가 어느 순간 길 옆 도랑으로 발을 디디면, 농부는 들고 있던 작은 회초리로 딱 한 번 돼지의 엉덩이를 칩니다. 뒤에서 주인이 채근하지 않아 안심하고 있던 돼지는 화들짝 놀라 방향을 바꾸지요. 현명한 농부는 목적지에 닿을 때까지 이렇게 돼지를 인도합니다.

아이는 항상 강압적인 것에 권위를 느낄 수 없습니다. 평상시에 부모의 한없는 사랑을 느끼다가 잘못을 저질렀을 때 부모의 단호한 모습을 보게 되면 부모의 권위를 다시 한번 생각하게 됩니다. 그렇지 않고 부모가 늘 무섭게 아이를 대하면 성장하면서 큰 부작용이 발생합니다.

아이들은 성장하면서 사랑은 느껴지지 않고 권위만 있는 부모에게는 반항을 하게 됩니다. 부모를 구타하는 자식 이야기가 그냥 나오는 것이 아닙니다. 아이를 바른 길로 걸어가게 하기 위해 부모로서의 경계를 잘 지켜 나가길 바랍니다.

의존적인 아이 어떻게 변화시켜야 하나요?

[Question 16]

"우리 아이는 제 도움 없이 스스로 알아서 할 수 있는 게 하나도 없어요. 직장을 다니니 언제나 제가 옆에 붙어 있을 수도 없고 걱정이 돼요."

아이가 독립성이 부족하고 자율성이 없다고 속상해하는 부모들이 많습니다. 아이의 의존성은 선천적인 것이 아니라 자라 온 환경에서 비롯됩니다.

의존적인 아이가 되는 이유

아이는 돌이 지나면서 자아상이 생기고 스스로 하고 싶은 것들이 많아집니다. 자립심은 이 시기에 만들어진 자신감과 긍정적인 자아상에 의해 형성되는 것이지요. 만약 이때 아이를 너무 보호하려고 들거나, 부모의 뜻대로 아이를 강압적으로 대하면 자아가 확립되지 못해 의존적인 아이가 됩니다.

그런데 '치맛바람'이라는 말에서 알 수 있듯 우리나라 부모들은 다른 나라에 비해서 아이를 품에 보호하려는 경향이 매우 강합니다. 그러다 보니 아이 혼자 서는 게 불안해 자꾸 손을 잡아 주려 하고 웬만한 일에도 가급적 아이를 보호하려고 듭니다. 이러한 상황이 계속되면 아이 스스로 할 수 있는 일이 줄어들고 자신감도 사라지게 되는 것이지요.

물론 자립심을 키워 준다는 명목 아래 아이가 도움을 청하는 데도 외면하는 것은 바람직하지 않습니다. 아이가 혼자 무언가를 하려고 할 때 곁에서 지켜보다가, 도움이 필요한 순간 적절히 나서 주세요. '한 걸음' 뒤에서 아이를 쫓아가면서, 필요할 때 딱 '한 걸음'만 도와주라는 것이지요. 이렇게 부모의 도움이 잘 조절되면 아이에게 자신감이 생기고 혼자서 할 수 있는 일도 하나둘 늘어 가게 됩니다.

실수를 허용하는 부모 되기

아이들은 실수를 통해 배웁니다. 시행착오를 겪고 그것을 통해 깨달으며 비로소 성장하지요. 그런데 조바심이 많은 부모는 아이가 실수하고 힘들어하는 게 가슴이 아파 스스로 깨달을 기회를 주지 못합니다.

내 아이가 독립적이고 자율성이 높은 사람으로 성장하길 바란다면 스스로 깨치고 배울 수 있도록 지켜봐 주고, 아이가 먼저 손을 내밀면 따뜻하게 잡아 주는 지혜를 가져야 합니다. 단 명심해야 할 점이 있습니다. 도와준다는 것이 잔소리나 간섭이 되어서는 안 됩니다. 부모는 늘 자신의 개입이 적절한 것인지 판단할 수 있어야 합니다.

생활 속에서 엄마가 무엇을 정해 주기보다는 아이가 결정할 수 있는 기회를 많이 주길 바랍니다. 또한 아이에게 해롭지 않은 범위 내에서 그 선택을 실행할 수 있도록 해 주고, 결과에 대해서도 스스로 책임지게 하는 것이 좋습니다.

아빠가 너무 바빠 아이랑 놀아 주지 못해요

[Question 17]

'아이를 키우는 데 있어 엄마보다 더 중요한 것이 아빠의 존재'라고 이야기하는 전문가들이 있습니다. 아빠가 엄마보다 아이와 함께하는 시간은 적지만 아이에게 미치는 영향은 더 크다는 주장이지요. 아이는 아빠와 보내는 시간이 짧기 때문에 오히려 더 민감하게 아빠의 말과 행동에 영향을 받는다고도 합니다.

아빠의 육아 참여는 선택이 아니라 필수입니다. 아이가 아빠와 있는 시간 동안 과연 아빠는 어떤 모습을 보여 주고 있는지 한번 돌아볼 필요가 있습니다.

아빠의 육아 방식에 따라 아이의 성격도 달라집니다. 또한 아빠에게 부정적인 영향을 받아 문제 행동을 보이는 아이들도 있습니다. 여기서는 아빠의 육아 방식이 아이에게 어떤 영향을 미치는지 알아보지요.

◆ 엄격한 아빠

아이의 도덕성 발달에 좋은 영향을 미치기도 하지만, 아이를 지극히 수동적인 성격으로 만들기도 합니다. 부모와 친밀감을 형성해야 할 시기에 아빠가 매사에 "안 돼", "하지 마" 하고 명령하면 아이는 주눅

들게 마련이지요. 그러면 아이는 더욱 아빠 눈치를 보고 엄마에게서 떨어지지 않으려고 합니다. 아빠의 엄한 태도가 계속되면 아이는 점점 더 움츠러들고 수동적인 태도를 취해서, 심한 경우 자기의 의견을 제대로 표현하지 못하는 이상 행동을 보이기도 합니다.

◆무관심한 아빠

아이에게 무관심한 아빠는 아이의 발달을 더디게 할 수 있습니다. 세상의 모든 아이는 엄마는 물론 아빠에게서도 사랑을 받길 원합니다. 그래서 아이들은 아무런 관심을 보이지 않는 아빠 앞에서 관심을 끌기 위해 이런저런 재롱을 부리며 애를 씁니다. 그것이 통하지 않아 실망을 하게 되면 애정 결핍으로 이어지지요. 뒹굴고 노는 등 아빠와 스킨십을 통해서 충분한 교류를 하지 못할 경우, 내성적인 성격이 될 수도 있습니다.

◆과잉보호하는 아빠

무엇이든 아빠가 대신 해 주고 대신 싸워 주고 업어 주면 독립심을 키우지 못해 의존적인 아이가 될 수 있지요. 의존적인 성향이 강해질수록 아이는 작은 일도 스스로 해결하지 않으려 합니다. 그럴 때마다 아빠가 나서서 도와주면 아이는 더욱 나약해지지요. 결국 아이는 자립심과 리더십을 키울 수 없게 됩니다.

◆신경질적인 아빠

공격적인 아이를 만들 가능성이 큽니다. 사소한 일에도 신경질을 내는 아빠는 아이를 주눅 들게 하고, 불안하게 만들지요. 특히 신경질적인 아빠는 말과 행동이 논리적이지 못하고 감정적인 태도를 보이기 때문에 아이는 아무 잘못 없이도 공포를 느끼는 때가 많고, 그로 인해 자주 분노하게 됩니다. 이런 과정이 반복되면 아이도 신경질적인 성격을 갖게 되며, 말과 행동이 순화되지 않은 공격적인 아이로 자라기 쉽습니다.

좋은 아빠가 되기 위해서는 연습이 필요합니다

좋은 아빠가 되고 싶지 않은 아빠가 세상에 어디 있겠습니까? 그런데 회사 일로 바쁘고, 몸이 피곤하고, 아이를 대하는 방법을 모른다는 이유로 조금씩 육아에서 멀어지고 있는 아빠들이 많습니다. 사실 조금만 노력하면 충분히 좋은 아빠가 될 수 있는데도 말입니다. 아이가 어릴 때 좋은 아빠가 되지 못하면 나중에는 가족 내에서 아빠의 자리가 한없이 작아져 버립니다.

좋은 아빠가 되려면 아이와 노는 것을 진심으로 즐겨야 합니다. 이 시기의 아이들은 잦은 스킨십을 통해 친해집니다. 아이를 안아주고, 서로 볼을 비비고, 아이와 놀아 주는 횟수가 늘어날수록 아빠와 아이의 친밀감이 커집니다. 아빠와 적절한 애착 관계를 형성한 아이는 신뢰감을 배우고, 그런 신뢰감이 밑거름이 되어 사회성을 키우게 됩니다. 이 모든 과정은 절대 억지로 이루어지지 않습니다. 아이와 함께하는 시간을 아빠 스스로 즐길 수 있어야 가능한 일이지요.

또한 아빠는 강하고 엄해야 한다는 강박관념에서 벗어나 느껴지는 감정에 솔직해져야 합니다. 남자는 과묵해야 하며, 슬퍼도 절대 남 앞에서는 울면 안 된다는 식의 생각을 아빠 자신부터 떨쳐 버리도록 노력하세요.

또한 그런 생각을 아이에게 강요하지 마세요. 사람은 누구나 감정을 표현하지 못하고 마음속에 쌓아 두면 병이 납니다. 언젠가 갑자기 돌발적인 형태로 폭발하게 되지요. 아이에게 슬플 때, 기쁠 때, 화날 때, 쓸쓸할 때의 감정을 적절한 말로 표현하는 방법을 가르치세요. 그리고 아빠도 자신의 감정을 표현하세요. 화가 날 때 아이에게 소리를 지르라는 것이 아니라 아빠가 화가 났음을 부드럽게 알려 주라는 뜻입니다.

또한 아빠가 아이와 함께 집안일을 하는 것은 육아에 있어서도 매우 긍정적인 효과가 있습니다. 아이는 엄마와 단둘이 있을 때보다 아빠도 함께 있을 때 가족이라는 집단을 더 실감하게 됩니다. 평소에 아빠와 많은 시간을 같이 보낸 아이는 나중에 사회생활에 적응하기 쉽지만, 아빠 얼굴을 거의 못 보고 자란 아이는 엄마에게 의지하는 습관을 버리기 어렵습니다. 그러니 아이와 함께 집안일을 하며 부족한 시간을 채워 주세요. 그러면 아이는 아빠의 사랑을 느낄 뿐만 아니라 집안일이 당연히 엄마가 하는 일이 아니라 가족 모두가 함께 해야 할 일이란 것도 배우게 됩니다.

남편과 육아에 대한 생각이 많이 다릅니다

[Question 18]

일주일 내내 아이가 어떻게 생활하는지 관심도 안 보이던 아빠가 주말에 갑자기 아빠 노릇을 하겠다며 아이를 데리고 나갑니다. 그런데 집에 돌아온 아이의 손에는 최신형 게임기가 버젓이 들려 있습니다. 아이가 가뜩이나 컴퓨터 게임에 관심을 보이던 터라 주의를 주고 있었는데, 엄마로서는 허무할 수밖에요. 이때 아빠가 던지는 한마디.

"요새 애들 다 이런 거 하잖아. 우리 애만 안 갖고 있으면 기죽어서 안 돼."

아이를 기르다 보면 부부 사이에 아주 사소한 것에서부터 의견 차이가 발생합니다. 엄마는 아이 이불 하나도 면 소재로 된 것을 챙기는데, 아빠는 무엇이든 상관하지 않습니다. 아이에게 좋은 것만 주고 싶은 엄마와 털털하게 아이를 키우려는 아빠. 과연 누가 옳은 걸까요? 이렇게 매번 부딪치다 보면 아이에게도 좋지 않을 텐데 말이지요.

아이가 자랄수록 육아 문제로 갈등이 커집니다. 아이가 접하는 세상이 점점 넓어지는 만큼 신경 쓸 일도 많고 관심을 갖고 이끌어 줘야 할 일도 많아지기 때문이지요. 특히 교육 문제에 있어서는 부모가 서로 첨예하게 대립하는 경우가 많습니다.

서로의 도덕적 성향 차이를 인정하세요

사실 엄마와 아빠는 태생부터 다른 도덕적 성향을 가지고 있습니다. 아빠는 옳고 그름을 판단하여 옳은 것을 좇는 도덕적인 성향을 가진 반면, 엄마는 여성 특유의 타인에 대한 이해와 공감이 강한 도덕적 성향을 가지고 있습니다.

이러한 남자와 여자의 근본적인 성향 차이는 아이를 키울 때에도 드러나게 됩니다. 대체적으로 아빠는 아이를 기르는 데 있어 원칙을 중시합니다. 정해진 규칙을 어기면 벌을 주고 규칙을 지키면 칭찬해 줍니다. 그러나 엄마의 경우 아이가 왜 규칙을 어기게 되었는지, 아이가 힘든 일이 있어 그런 건 아닌지 살피는 등 먼저 아이의 마음을 이해하려고 하는 경향이 있습니다.

사실 어떤 것이 더 우위에 있다고 말할 수는 없습니다. 아이가 올바르게 성장하기 위해서 두 가지 성향이 다 필요하기 때문입니다. 하지만 두 가지 성향이 모두 필요하다고 해서 엄마와 아빠가 다른 육아 원칙을 가져도 된다는 건 아닙니다. 서로의 성향에 근본적인 차이가 있음을 이해하고, 원칙을 정해서 일관성을 유지해 주어야 합니다.

동생을 괴롭힐 때 아빠가 매를 한 대 때리기로 결정했다면, 미리 아이에게 얘기하고 이 같은 잘못을 했을 때 원칙대로 아빠가 훈육

하세요. 이때 엄마는 아빠와 함께 야단치기보다 훈육 뒤에 아이의 마음을 달래 주는 식으로 균형을 맞추어 주면 좋습니다. 각자가 잘하는 부분을 육아에 접목하는 것이지요.

아빠와 엄마는 아이에게 비행기의 양 날개와도 같은 존재입니다. 한쪽 날개가 잘못되면 아무리 다른 날개가 튼튼해도 비행기가 제대로 날 수 없지요. 아이를 위해 평소에 서로 대화를 많이 해서 일관된 원칙을 정하고 도움을 주고받으며 아이를 키워야 합니다.

올바르게 야단치는 법을 알려 주세요

[Question 19]

아이들은 높은 데서 떨어지고 물건을 깨기도 하며 고집을 피우기도 합니다. 아이의 좋은 습관과 안정된 생활을 위하여 야단쳐야 할 순간은 너무도 많지요. 그러나 그때마다 말문이 막힙니다. 대화를 하긴 해야겠는데 좋은 말로 하려니 화가 나고, 했던 말을 또 해야 한다는 생각에 마음이 지치니 말입니다.

무엇보다 먼저 화를 가라앉히고 아이와 대화를 시작해야 합니다. 화가 안 풀렸다면 아이가 잘못했어도 차라리 혼내지 않는 편이 낫습니다. 그런 뒤에 아이를 야단칠 때에는 다음의 원칙을 기억하세요.

첫째, 혼을 내는 목적을 아이의 행동을 강압적으로 저지하는 것이 아니라, 부모로서 아이에게 세상을 살아가는 데 필요한 규칙을 가르치는 것에 두는 것입니다. 그러면 아이에게 소리를 지르고 겁을 주기보다 아이가 규칙을 잘 이해할 수 있도록 친절한 설명을 하게 되지요. 또 그렇게 해야만 아이가 부모의 말을 귀담아듣는 것도 사실입니다.

어떤 부모는 아이의 실수를 기다리기도 합니다. '다음에 실수하면 그땐 용서치 않으리라, 너 한번 두고 보자'라는 심정으로 벼르는 것이지요. 물론 아이는 다음번에 같은 실수를 또 할 것입니다. 그때 부모의 이런 마음이 아이에게 좋은 영향을 미칠 리 없습니다. 잘못은 기억하되 그로 인해 생긴 감정은 바로바로 털어 버려야 합니다.

둘째, 같은 잘못을 또 저지를 때를 대비해 아이와 함께 예방책을 만드는 것입니다. 큰아이가 동생을 때리면 우선 동생을 시샘하는 마음을 이해해 준 후 "동생이 더 사랑받는 것 같아서 속이 상했구나. 그래도 동생은 때리면 안 돼. 정 네가 화가 난다면 그때마다 이 인형을 때리렴" 하고 대안을 제시해 주는 것입니다. 그렇게 하면 아이는 잘못을 저지르지 않고도 감정을 풀 수 있습니다.

셋째, 아이의 이야기를 먼저 들어 주어야 합니다. 아이의 잘못된 행동을 바로잡는 일보다 선행되어야 할 것은 아이가 왜 그랬는지 이해하고 근본적인 원인을 해결해 주는 것입니다. 그런 다음 너무 길고 장황하게 말하지 말고, 쉽고 간단하게 얘기하는 게 좋습니다. 또 대화할 때 절대 다른 아이와 비교하지 마세요. 아이에게 열등감이나 시기심을 일으킬 수 있어 오히려 역효과를 초래합니다.

넷째, 무엇을 해야 하고 무엇을 하면 안 되는지 미리 아이와 약속해야 합니다. 아이는 아직 모든 것이 익숙하지 않습니다. 미리 어떻게 행동해야 하는지 알려 주고 도와줘야 합니다.

마지막으로, 아이를 절대 사람들이 많은 곳에서 혼내서는 안 됩니다. 어른도 대중 속에서 수치심을 느끼면 견디기 힘든데 아이들은 오죽할까요. '어린아이가 뭘 알겠어' 하는 태도는 무척 위험합니다. 이때 생긴 수치심과 모멸감으로 인해 더욱더 반항할 수도 있고, 반발심에 더 큰 잘못을 저지르기도 합니다.

이혼 후 아이 양육은 어떻게 해야 하나요?

[Question 20]

사랑해서 결혼했지만 살다 보면 이런저런 이유로 다투기도 하고 마지막 선택으로 이혼을 하기도 합니다. 이혼하면 남남이라지만 아이가 있는 경우는 완전히 남이 될 수 없는 상황에 놓입니다. '누가 키우느냐'부터 양육비 부담까지, 서류에 도장 찍는 것으로는 간단히 정리되지 않는 일이 많지요. 요즘 '싱글맘', '싱글파파'란 말을 많이 합니다. 하지만 어느 한쪽 부모가 아이를 전담하여 키우기란 쉽지 않습니다. 아이가 클수록 엄마 아빠가 해 줄 수 있는 역할 모델이 다르기 때문에 양육에 어려움이 많습니다.

이혼한 부모들의 가장 큰 고민은 아이가 부모의 이혼을 받아들일 수 있을지, 그 사실이 아이 마음에 상처가 되진 않을지, 그렇게 되지 않으려면 어떻게 해야 하는지 잘 모른다는 겁니다. 물론 한쪽 부모가 홀로 아이를 키우는 것이 양쪽 부모 모두 있는 경우에 비해 좋을 리는 없습니다. 하지만 그렇다고 해서 아이에게 절망적이라고만은 말할 수 없습니다. 오히려 아이에게 매일 싸우고 헐뜯는 모습만 보여 주어 정신적인 충격을 주는 것보다 한쪽 부모가 정성을 기울이는 편이 나을 수도 있습니다.

우선, 부모 스스로 죄책감에서 벗어나 이혼이라는 현실을 인정하고 아이에게 솔직하게 상황을 설명해 주세요. 무엇보다 가장 중요한 것은 아이의 정서입니다. 아이가 이혼에 대해서 어떻게 생각하고 있는지 살펴보세요. 아이와 대화가 가능하다면 되도록 차분하게 이야기를 나눠 보고, 아직 말을 할 수 없는 시기라면 아이의 태도에서 달라진 점은 없는지 주의 깊게 살펴야 합니다.

대부분의 아이들은 어떤 상황에서 스트레스를 심하게 받아도 그것을 논리적으로 설명하지 못합니다. 그 대신 엉뚱한 증세를 보입니다. 대소변을 잘 가리던 아이가 갑자기 소변을 지리기도 하고, 벽에 머리를 박는 자해 증상을 보이기도 하며, 심하면 말을 잘하던 아이가 갑자기 말을 하지 않기도 합니다. 이는 아이가 극도의 스트레스를 받고 있다는 증거이므로 보다 따뜻한 보살핌이 필요합니다.

아이는 부모가 이혼을 하면 자기가 엄마 아빠 말을 안 들어서, 아니면 자기가 착하지 않아서라고 자책하는 경우가 많습니다. 이럴 때는 "많이 힘들지? 엄마도 그렇단다. 아빠도 그럴 거야. 우리 같이 이겨 내자" 하고 위로해 주면서 아이가 느끼는 혼란스러운 감정에 공감해 주세요. 이혼이라는 복잡한 세계에 대해 이해시키려 하지 말고 '지금은 엄마 아빠가 따로 살아야 되지만, 엄마 아빠란 존재가 있다는 사실은 절대 변하지 않는다'라는 믿음을 주는 것이 좋습니다.

양육은 이혼 전에 그렇듯 이혼 후에도 어느 한쪽의 몫이 아닙니다. 이제 아내와 남편으로서는 존재하지 않지만, 부모로서의 역할은 아이가 있는 한 함께 나눠야 할 몫입니다. 아이가 자랄 때까지 두 사람이 함께 계획을 세우고 부모로서의 역할을 다해야 합니다.

그리고 재혼을 하여 내가 낳지 않은 아이를 키우게 되는 일도 쉬운 일은 아닙니다. 그럴 경우 억지로 부모 노릇을 하려 하기보다는 우선 가족의 일원으로서 서로 이해하고 어울려 사는 일에 중점을 두세요. 이미 엄마 아빠라는 존재가 각인되어 있는 아이에게 억지로 새로운 부모로 다가서면 아이에게 혼란만 줄 뿐이니까요.

3~4세

(25~48개월)

부모가
꼭 알아야 할
3~4세 아이의
특징

몸과 마음을 조절하는 힘이 생기기 시작합니다

남과 다른 내가 있다는 것을 이미 알게 된 3~4세 아이들은 여러 가지 방법으로 자신에 대해 알아 갑니다. 또한 몸을 움직이며 자신의 신체 능력을 파악하고, 여러 가지 요구를 하고 그 요구가 해결되는 과정을 통해 자기 조절력을 배워 나갑니다. 두 돌을 넘긴 아이들은 아직 자기 조절력이 약해 자신이 하고자 하는 일을 금지당했을 경우 떼를 쓰거나 공격적인 행동으로 좌절감을 표현하기도 합니다. 이런 행동은 세 돌이 넘어가면서 조금씩 줄어듭니다. 자기 조절력이 그만큼 생겼기 때문이지요. 그래서 이때부터 친구와 놀기 시작하고, 약간의 학습도 가능해집니다. 이 시기에는 아이가 떼를 쓸 때 잘 대처해서 아이 스스로 조절력을 키워 갈 수 있게 하는 것이 가장 중요합니다.

두 돌, 자기 조절이 미숙해 떼쓰기로 표현

이 시기의 아이들은 더욱 발달한 신체적 능력을 바탕으로 더 많은 탐색을 하고, 더 많은 말썽을 부리고, 더 많은 사고를 치게 됩니다. 이런 특성은 모든 아이들에게 마찬가지입니다. 그래서 우리나라에서는 이 시기의 아이를 '미운 세 살'이라고 부르고, 만으로 나이를 세는 미국에서는 '공포의 두 살(Terrible Two)'이라고 하지요.

이때는 자기 조절이 안 되어 나타나는 떼쓰기가 정점에 이릅니다. 길바닥이나 쇼핑센터에서 자기 요구를 들어주지 않는다며 드러누워 난리 치는 아이 대부분은 두 돌 전후라고 보면 됩니다. 이 시기의 아이를 키우는 부모들은 아이의 떼가 너무 심하고 때로는 공격성을 보인다며 걱정을 하지만 지극히 정상적인 행동입니다. 아직 자기의 마음을 조절할 수 있는 힘이 없기 때문에 떼쓰기로 표현하는 것뿐이지요. 오히려 부모의 말을 고분고분하게 듣는 아이들은 자아 발달에 이상이 있을 수 있습니다.

아이들은 상황이 자기 뜻대로 되지 않아 극도의 분노를 느꼈을 때 그것을 표출하기 위해 온갖 짓을 다 합니다. 자지러지게 우는 것은 물론 던지고, 침 뱉고, 꼬집고, 토하고, 때리는 등 다양한 문제 행동을 보입니다. 제 아이들의 경우에도, 경모는 자기 뜻대로 되지 않을 때마다 먹은 것을 게워 내곤 했고, 정모는 종종 물건을 집어 던졌습니다. 이런 행동은 부모가 '해도 되는 일'과 '하면 안 되는 일'을 구분해 주고, 그 원칙을 잘 지켜 아이를 규제하면 조금씩 줄어들게 됩니다.

아이는 자신이 떼를 쓸 때 부모가 말리면 자신의 행동이 좋지 않다는 것을 깨닫게 됩니다. 특히 엄마와 관계가 좋은 아이들은 엄마가 자기의 행동을 싫어하는 기색을 보이면 떼쓰기를 멈춥니다. 이 시기에는 '내가 때리면 맞은 사람이 아프겠지' 하는 생각은 하지 못합니다. '내가 너무 난리를 쳐서 사랑하는 엄마가 나를 미워하면 어쩌나' 하는 것이 유일하게 아이 마음을 컨트롤합니다. 아주 초보적인 양심이라고 할 수 있지요. 그러므로 아이가 떼를 쓸 때 같이 큰소리를 치며 아이 행동을 제재하기보다는 실망하는 표정으로 "네가 그렇게 하니까 엄마가 슬퍼" 하고 이야기하면 웬만한 아이들은 떼쓰기를 멈춥니다. 덧붙여 말하자면, 이런 의미에서도 아이와 애착 관계를 잘 형성하는 것이 중요하겠지요.

그런데 떼를 너무 자주 부리고, 오랫동안 이어지는 아이들이 있습니다. 뇌에 문제가 있거나 까다로운 기질을 가진 아이들, 엄마와의 관계에 문제가 있는 아이들의 경우가 대표적입니다. 때로는 세 가지 요인이 복합되어 나타나기도 하는데, 원인을 파악하고 근본적인 해결책을 찾아야 합니다. 부모 스스로 원인 파악이 힘들 때는 전문의의 도움을 받는 것도 좋습니다.

세 돌, 자기 조절력이 내면화되기 시작

세 돌이 지나면 자기 조절력이 상당히 발달하여 기분 나쁜 것도 조절할 줄 알고, 대소변도 가릴 수 있게 됩니다. 그래서 36개월이 지나야 유치원을 갈 수 있게 되는 것입니다. 지능도 월등히 발달하는데, 이는 아이들이 노는 모습을 보면 알 수 있습니다. 두 돌 때까지만 해도 아이들은 인형을 업거나 칫솔을 가져다 인형에게 '치카치카'를 시켜 주는 등 현실 생활을 흉내 내는 놀이를 많이 합니다. 그러던 아이들이 세 돌이 되면 상상 놀이를 시작합니다. 즉, 소꿉놀이를 하면서 엄마 아빠 역할을 정해서 노는 등 상상을 가미해서 노는 것이지요.

이렇게 상상 놀이를 하면서 아이들은 지적으로 성장하고 창의력도 키우게 됩니다. 이는 모두 자기 조절력이 바탕이 되었을 때 가능한 일입니다. 이 시기에 자기 조절력을 갖추지 못한 아이들은 뜻대로 되지 않는 몸과 마음에 휘둘려 지적 발달이 늦어지게 됩니다. 상상 놀이를 하다가도 감정 조절이 안 돼 친구와 싸움을 벌이고, 친구와 노는 도중에 소변을 지린다면 제대로 된 놀이를 할 수 없으니까요.

두 돌 때 병이 나거나 이런저런 이유로 자기 조절력을 키우지 못한 아이들은 세 돌 때에 두 돌 아이가 하는 행동을 보이곤 합니다. 떼를 쓴다거나 단순한 놀이를 하는 등 말입니다. 이때는 아이가 충분히 그 과정을 밟을 수 있도록 놔두어야 합니다. 그래야 자기 조절력을 기를 수 있습니다.

발달심리학에서 보았을 때 아이들은 각 시기에 맞는 발달 과제를 갖게 됩니다. 예를 들어 두 돌에 언어 발달이, 세 돌에 대소변 가리기가 발달 과제 중 하나입니다. 이 발달 과제를 완수하지 못하면 아이들은 다음 단계로 넘어가지 못합니다. 따라서 아이가 자기 나이에 맞지 않는 놀이를 하더라도 충분히 하게 해 줘야 합니다. 그래야 자기 조절력을 기르고 제 나이에 맞는 행동을 하게 되고, 정서적인 성숙을 바탕으로 다음 단계인 인지 발달 단계로 넘어가게 됩니다.

언어 발달이 쑥쑥, 아이 질문에 무조건 대답하기

두 돌이 지나면 아이들이 사용하는 언어에는 하루가 다르게 변화가 나타납니다. 이 시기에 아이들이 가장 많이 하는 말이 "이게 뭐야?", "왜?"와 같은 말입니다. 아이가 이 같은 말을 하며 귀찮을 정도로 똑같이 물어 온다고 해도 충분히 대답을 해 주어야 합니다.

이 과정은 아이의 언어 발달을 돕는 동시에 세상에 대한 호기심을 충족시켜 인지 발달에도 큰 도움을 줍니다. 부모가 자신의 질문에 대해 충분히 대답해 주면, 아이는 자신이 존중받고 있다는 느낌을 받게 되고 자기가 가진 호기심을 더욱 발전시켜 나가게 됩니다.

이처럼 아이들은 끊임없이 물어보고 부모의 대답을 들으면서, 하루에 약 5~6개의 단어를 익히고, 말할 때 1000여 개의 단어를 이용할 수 있게 됩니다. 명사만 연결해 의사 표현을 하던 아이들이 명사에 조사를 붙이고, 동사를 함께 써 문장으로 말하기 시작합니다. 보통 두 돌쯤에는 "엄마 밥 줘", "아빠 다녀오세요"처럼 단어 두세 개로 이루어진 문장을 말할 수 있게 되지요.

또한 이 시기에는 어른들이 하는 말을 그대로 따라 하는 경우가 많습니다. 엄마가 늦게 들어오는 아빠를 보고 "아이고, 지겨워 정말"이라고 이야기하면 어느 순간 아이가 똑같이 그 말을 따라 합니다. 그러므로 아이가 바른 말, 고운 말을 배울 수 있도록 엄마 아빠가 먼저 바른 말, 고운 말을 쓰는 데 유념하세요.

엄포는 절대 효과적이지 않습니다

3~4세 아이를 둔 엄마 아빠는 하루가 어떻게 가는지 모를 정도로 정신이 없습니다. 아이가 언제, 어디서, 어떤 사고를 칠지 몰라 늘 촉각을 곤두세워야 하기 때문이지요. 틈만 나면 벽에 낙서를 하고, 다른 아이를 때려 상처를 내고, 뜨거운 냄비에 손을 댑니다. 아무리 자아 형성을 위해 하는 행동이라지만 때론 너무하다 싶은 생각도 들지요.

이 시기의 아이를 둔 부모들은 아이에게 '하면 안 되는 것'을 가르치기를 힘들어합니다. 아무리 부드럽게 이야기를 해도 매번 똑같은 사고를 치는 아이를 어떻게 당해 내겠습니까. 게다가 아이가 사고를 치면 그 뒤처리는 모두 부모가 해야 하기 때문에 순간적으로 화가 나서 무섭게 소리를 칠 때가 있습니다. 그리고 엄포를 놓고는 하지요.

"너 자꾸 이러면 장난감 안 사 줄 거야."

하지만 이런 말도 소용없이 아이는 또 같은 행동을 반복합니다.

한 심리학 연구에서 이와 관련하여 재미있는 실험을 한 적이 있습니다. 먼저 아이를 두 부류로 나누어 상자를 하나씩 주었습니다. 한 부류의 아이들에게는 "상자 안에 있는 것을 만지면 안 된다"라고 부드럽게 이야기했습니다. 다른 부류의 아이들에게는 "상자 안에 있는 것을 만지면 혼난다"라고 엄포했고요. 그리고 아이들끼리 있게 놔두었습니다. 결과는 어떻게 되었을까요?

상자 안에 있는 것을 만진 아이는 두 부류 모두 30퍼센트로 비슷했습니다. 그런데 3개월 후에 같은 실험을 실시했는데 전혀 다른 결과가 나왔습니다. 엄포를 놓았던 부류의 아이들 중 70퍼센트가 상자 안에 있는 것을 만진 반면, 부드럽게 이야기한 부류의 아이들은 그 전과 마찬가지로 30퍼센트만 만졌습니다. 이 실험은 무서운 말로 아이를 다루는 것은 당장 그때는 효과가 있을지 몰라도 시간이 흐르면 오히려 역효과가 난다는 것을 보여 줍니다.

따라서 아이의 행동을 제지할 때 무섭게 말하는 것은 좋지 않습니다. 엄마의 화풀이로는 좋을지 몰라도 교육적 효과는 하나도 없습니다. 대신 왜 그런 행동을 하면 안 되는지 이유를 설명해 주세요. 또한 "그렇게 해야 착한 아이지"라고 이야기하기보다는 아이의 행동에 부모가 어떤 감정을 느끼는지 이야기해 주는 것이 더 효과적입니다.

"네가 떼를 쓰면 엄마가 너무 속상해."

"여기에 올라가면 넘어질 수 있고, 네가 다치면 엄마도 마음이 아파."

이렇게 부모의 감정을 이야기해 주면 아이는 행동을 좀 더 쉽게 바꾸게 됩니다.

'엄마 – 나'의 일대일 관계에서 '엄마 – 아빠 – 나'의 삼각관계로

이 시기에 자신의 성별을 알게 되면서 아이들은 이성의 부모에게 성적인 매력을 느끼고 사랑하게 됩니다. 그런데 아이가 사랑하는 사람 옆에 떡 하니 아빠 혹은 엄마가 버티고 있습니다. 그동안 엄마와 나, 아빠와 나의 일대일 관계만 맺어 오던 아이가 엄마와 아빠의 사이를 인식하게 되면서 '엄마 – 아빠 – 나'의 삼각관계를 만드는 것이지요.

이때 남자아이들은 엄마의 사랑을 독차지하기 위해 아빠를 질투하는 '오이디푸스 콤플렉스'를 보이고, 반대로 여자아이는 아빠를 사랑하고 엄마를 적대시하는 '엘렉트라 콤플렉스'를 보입니다.

그렇게 동성의 부모를 질투하고 경쟁하다 한계를 느낀 아이는 '저 사람을 닮자'라는 결론을 내리고 모든 것을 따라 하게 됩니다. '엄마가 사랑하는 아빠를 따라 하면 엄마가 나도 사랑할 것'이라는 생각에서이지요. 여자아이들이 엄마를 따라 화장을 하고, 남자 아이가 아빠를 따라 못질을 하는 것은 이런 이유 때문입니다.

때문에 엄마는 딸에게, 아빠는 아들에게 바람직한 역할 모델이 되어 주어야 합니다. 특히 남자아이들에게는 아빠의 영향력이 큽니다. 아빠들은 아이에게 규칙을 세우고 엄격히 규제하는 편입니다. 그런데 이런 규칙을 너무 강조하면 아이는 아빠를 무서워하게 됩니다. 무서운 아빠를 따라 하는 아이는 폭군이 될 확률이 높습니다. 반대로 솜방망이 기준을 가지고 있는 아빠를 보고 배우는 아이들은 사회성 발달에 문제가 생길 수 있지요. 따라서 적당히 엄하고, 적당히 자애로운 아빠의 모습을 보여 주어야 합니다.

아들에게 아빠의 자리는 무척 중요합니다

딸 셋에 아들 하나를 둔 엄마가 세 돌이 막 지난 막내아들을 데리고 병원을 찾은 적이 있습니다. 그 엄마는 아들이 치마를 입으려고 하고 분홍색만 좋아해서 아들의 성 정체성이 생물학적 성 정체성과 다른 건 아닌가 하고 고민하고 있었지요. 그런 건 아니었습니다. 가정환경을 살펴보니 이 아이는 아빠가 장기간 해외에 나가 있어 어렸을 때부터 엄마와 누나 등 여자에 둘러싸여 자랐더군요. 매일 엄마와 누나가 치마를 입고, 분홍색을 좋아하는 모습을 보면서 자연스럽게 따라 하게 된 것이지요.

3~4세 남자아이들에게 아빠는 무척 중요한 존재입니다. 오이디

푸스 시기를 거치면서 건강한 남성성을 배워야 하기 때문입니다. 그런데 이때 이혼이나 해외 파견 등의 이유로 아빠가 곁에 없으면 위와 같은 일이 나타나기 쉽습니다. 또한 엄격히 규제를 하는 사람이 없어 도덕성 발달도 지연될 수 있습니다. 아빠가 어쩔 수 없이 아이와 함께할 수 없다면 삼촌이나 동네 아저씨 등 남자 어른과 자주 만나게 해 주는 것이 좋습니다. 남자 어른과 같이 목욕탕도 가고 놀이도 하면서 남성으로서의 역할을 배우게 해 주세요.

이 시기 부모 사이에 갈등이 깊은 경우에도 아이는 성 역할을 제대로 배우지 못합니다. 남편을 싫어하는 엄마들은 아이가 아빠를 따라 하면 질투를 느끼고 아빠와 접촉하지 못하도록 막는 경우가 있습니다. 이렇게 가족으로부터 아빠를 소외시키면 '아빠는 나쁜 사람이다. 따라 하지 마라' 하는 메시지를 아이에게 지속적으로 전달하게 됩니다. 그러면 아이는 아빠를 등한시하고 마마보이가 되고 말지요. 남성으로서의 정체성에 직격탄을 받아 '그럼 나는 어떻게 해야 하나' 하며 불안해할 수도 있고요.

이런 상황은 딸에게도 영향을 미칩니다. 딸은 엄마 아빠의 갈등 상황을 보면서 '나도 엄마처럼 아빠에게 미움을 받을 수 있구나' 하는 생각을 하게 됩니다. 그러면 딸도 마찬가지로 건강한 여성성을 발전시켜 나갈 수 없습니다. 부부간의 불화는 이렇게 당사자들에게뿐만 아니라 아이에게도 악영향을 미칩니다.

엄마 아빠와 관계가 좋을 때 사회성 발달

세 돌 즈음의 아이는 인간관계에 있어 '엄마 - 아빠 - 나', 셋만 중요하게 생각합니다. 가끔 친구와 놀기는 하지만 엄마 아빠가 부르면 친구와 놀다가도 쪼르르 달려가지요. 네 돌이 지나야 이 삼각구도에 친구까지 집어넣을 수 있는 여유가 생깁니다.

물론 이 시기의 아이들도 친구와 노는 것을 좋아합니다. 하지만 상당히 주관적입니다. 장난감을 사이좋게 가지고 놀다가도 심사가 뒤틀리면 친구를 때리기도 합니다. 또 혼자서 놀다가 친구가 옆에 있으면 10분 정도 같이 놀고 다시 혼자 놀기도 하고요. 아직은 친구와 의견이 다를 때 그 상황에 어떻게 대처해야 할지 잘 모르기 때문이지요.

부모들은 아이의 이런 모습을 보며 사회성이 부족한 것이 아닌가 하는 걱정이 들겠지만, 이렇게 가족이 아닌 다른 사람과 대면하는 것 자체가 사회성이 발달하고 있다는 신호입니다. 또한 알아 두어야 할 것은 이 시기에 아이의 사회성에 가장 큰 영향을 미치는 것은 다름 아닌 부모라는 사실입니다. 엄마 아빠에게 충분한 사랑을 받은 아이는 그 애착 관계를 바탕으로 친구를 사귀게 됩니다. 또 엄마 아빠가 서로 대화하며 의견을 조율하는 과정을 보면서 친구와 타협하는 방식도 배웁니다. 만약 엄마 아빠가 매일 싸우면서, 아이에게는 친구들과 잘 지내라고 하면 아이는 어찌할 바를 모르지요. 보고 배운 것이 없는데 어떻게 잘 지낼 수가 있겠습니까.

아이가 사회성에 문제가 있다고 느껴지면 먼저 엄마 아빠의 모습을 되돌아보아야 합니다. 아이와 애착 관계가 원만하고 부부 관계도 좋은데, 아이가 친구 관계에 어려움을 겪는다면 조금 더 클 때까지 기다려 보는 것이 좋습니다.

Chapter 1

배변 & 잠

아이가 아직까지 기저귀를 차고 다녀요

육아 책에 의지해 아이를 키우는 부모들의 경우 아이가 18개월만 되면 대소변 가리기에 온 신경을 씁니다. 여기에 기저귀를 하루 빨리 떼었으면 하는 부모의 마음도 보태져 아이가 두 돌이 넘었는데도 대소변을 잘 가리지 못하면 전전긍긍하게 됩니다. 조급한 마음에 아이를 채근하거나 아이가 실수를 했을 때 크게 혼내기도 하지요.

그래서 아이가 두 돌이 넘었는데도 대소변을 가리지 못해 걱정이라며 찾아오는 엄마들도 있습니다. 하지만 혼낸다고 해서, 조바심 내고 다그친다고 해서 대소변을 잘 가리게 되는 것은 아닙니다. 아이의 발달 과정을 잘 이해하고, 아이 각각에게 맞는 적절한 훈련이 필요합니다.

* 18개월쯤 시작되어 36개월에 완성

대소변을 가리는 시기는 아이마다 다릅니다. 18개월 전에 대소변을 가리는 아이도 있고, 그 이후에 대소변을 가리는 아이도 있으므로 괜히 다른 아이와 비교하며 스트레스를 받지 않는 것이 좋습니다. 18개월부터 자율신경계에서 방광과 항문 조절을 시작하기 때문에 거기에 맞춰 배변 훈련을 하라는 것이지, 배변 훈련은 두 돌 전후에 시작해도 큰 문제는 없습니다.

대소변을 일찍 가린다고 머리가 좋은 것도 아니고, 대소변을 늦게 가린다고 성장 발달이 늦는 것도 아닙니다. 물론 아이가 일찍 대소변을 가리면 손이 덜 가 아이 기르는 것이 한결 수월해지겠지만, 그것은 어디까지나 부모 입장이지요. 아이에게는 특별히 좋을 것도 나쁠 것도 없습니다.

대소변 가리기에 있어 중요한 것은 부모의 여유 있는 마음가짐입니다. 대부분의 아이들은 21개월이 되면 대변이 마려운 것을 느낄 수 있고, 27개월이 되면 낮에는 대변을 가릴 수 있게 됩니다. 그 다음 낮에 소변을 가리고, 좀 지나면 밤에도 소변을 가릴 수 있게 됩니다. 그러다 36개월쯤이 되면 자연스럽게 대소변을 가리게 되지요.

대소변 가리기는 아이가 태어나서 스스로 해야 하는 일 중 가장 중요한 것입니다. 아이가 대소변을 가린다는 것은 항문 근육의 발달을 뜻할 뿐 아니라, 그만큼 정서 발달이 이루어졌음을 의미하기 때문이지요. 그러니 대소변을 가리는 것 자체도 중요하지만 아이가 스스로 해냈다는 성취감을 가지는 것 역시 중요합니다. 그래서 저는 부모들에게 무조건 배변 훈련을 빨리 하려고 하지 말고 아이가 준비될 때까지 느긋하게 기다리라고 강조합니다. 또한 아이가 대소변 가리기에 관심을 갖는 순간을 놓치지 않고 잘할 수 있도록 격려해 주고 방법을 알려 주는 것이 부모가 가져야 할 자세입니다.

* 너무 다그쳐도, 너무 내버려 두어도 문제

프로이트는 18개월부터 36개월까지 시기를 항문기로 정의했습니다. 항문기에는 대변을 참고 있거나 배설하는 데에서 쾌감을 얻는다고 합니다. 그래서 이 시기의 아이들은 유난히 똥과 관련된 이야기를 좋아하고, '방귀'나 '똥구멍' 같은 말을 입에 달고 살기도 합니다.

바로 이 항문기에 배변 훈련이 시작됩니다. 이때 아이는 처음으로 자신의 본능적 충동을 외부로부터 통제받는 경험을 하게 됩니다. 만일 부모가 엄격하고 강압적으로 배변 훈련을 하면, 아이는 규칙과 규범에 지나치게 얽매이게 되어 독립성과 자율성을 키울 수 없게 됩니다. 또한 대변이라는 '더러운 것'에 대한 거부감이 생겨 성인이 되었을 때 결벽증이 나타날 수 있습니다. 반대로 배변 훈련을 허술하게 하면, 규칙이나 규범을 전혀 신경 쓰지 않고 제 마음대로 하는 독불장군식의 성격을 발달시키므로 주의해야 합니다.

* 변기를 장난감처럼 친숙하게

아이들 중에는 변기에 앉는 것 자체를 거부해서 대소변을 옷에 봐 버리는 경우도 있습니다. 그러니 아이가 대소변을 가릴 준비가 된 것 같다면 먼저 아이가 변기와 친숙해지도록 도와주어야 합니다. 아기 변기를 눈에 잘 띄는 곳에 두고 변기에 앉는 것 자체가 즐겁고 기쁜 일이라는 점을 자연스럽게 느끼도록 하는 것이지요. 만약 아이가 일반 변기에 앉아도 무서워하지 않고, 변기나 변기 주변이 아이에게 위험하지 않다면 굳이 아기 변기를 사용하지 않아도 됩니다.

그런 다음에는 아이의 대변 보는 시간을 체크해서 그 시간에 변기에 앉힙니다. 아이가 변을 보는 동안 아이 앞에 앉아 함께 힘주는 흉내도 내고 노래도 불러 주면서 변을 보는 일을 즐겁게 느끼도록 도와주세요. 변기에 변을 잘 보았을 때는 칭찬도 듬뿍 해 주시고요.

대소변을 잘 가리는 방법은 반복 연습밖에 없습니다. 처음에는 잘 안 되더라도 여러 번 시도를 하면 잘하게 되니 인내심을 가지고 계속해서 연습을 시켜야 합니다. 대변을 가린 후에는 소변을 가리게 됩니다. 이때도 마찬가지로 아이가 소변을 볼 시간에 변기에 앉게 한 다음 그 시간을 즐기도록 해 주세요. 남자아이의 경우 어른들처럼 서서 눌 수 있게 깡통을 대 주는 것이 좋습니다.

* 대소변과 관련한 동화책을 읽어 주는 것도 요령

아이들에게 친숙한 그림을 통해 배변 습관을 길러 주는 것도 좋은 방법입니다. 서점에는 배변이나 똥에 관련한 그림책이 많이 나와 있어요. 이 시기의 아이들은 책 속 주인공과 자신을 동일시하기 때문에 대소변을 가리는 주인공을 보면서 따라 하려는 마음을 갖게 됩니다. 화장실에 가서 바지를 내리고 일을 본 다음 물을 내리고 손을 씻는 과정을 재미있게 다룬 그림책을 통해 대소변 가리기뿐 아니라 뒤처리 방법까지 자연스럽게 알려 줄 수 있습니다.

* 대소변이 더럽다고 느끼지 않게 해 주세요

항문기의 아이들은 자신의 대소변을 통해 만족감을 느끼기도 합니다. 스스로 만들어 냈기 때문이지요. 그래서 대소변을 보고 나면 만져 보고 싶어 합니다. 이때 부모가 "안 돼. 만지지 마"라고 부정적으로 이야기하면 자신이 더러운 것을 만들었다는 생각에 죄책감을 느끼기도 합니다. 그렇다고 만지게 내버려 두라는 말은 아닙니다. 이렇게 이야기해 주세요.

"우리 ○○가 참 예쁜 똥을 눴구나. 그래서 만지고 싶은 거지? 그런데 똥에는 벌레가 많아. 벌레들도 ○○의 똥을 좋아하거든. 네가 똥을 만진 손을 입으로 가져가면 벌레들이 네 몸속으로 들어가겠지? 그러니까 만지지 않는 것이 좋아."

이렇게 대소변이 더러운 것이 아니라 예쁜 것이라는 개념을 심어 주면 배변 훈련을 원활하게 진행할 수 있습니다.

* 실수했을 때 뒤처리는 아이 스스로

배변 훈련을 하는 과정에서 아이들은 실수를 하게 마련입니다. 이때는 엄하게 야단치지 말고 너그럽게 대해 주세요. "너무 급해서 바지에 실수를 했구나? 괜찮아. 그럴 수 있어" 하고 죄책감을 느끼지 않도록 아이의 마음을 위로해 주는 것이지요.

특히 아이들은 소변이 마려울 때 실수를 곧잘 합니다. 어느 정도 소변을 가릴 수 있게 되었는데도 옷에 실수를 한다면 조금 태도를 바꿀 필요가 있습니다. 실수를 할 때마다 소변은 변기에 눠야 한다거나 소변이 마려우면 어른들에게 '쉬'라고 이야기해야 한다는 것을 알려 주세요. 그리고 아이가 실수한 것을 직접 닦게 하는 것도 좋은 방법입니다. 자기 행동에 대해 스스로 책임질 수 있게 해서 옷에 소변을 보는 것이 불편한 일임을 깨닫게 하는 것이지요. 할 수 있는데도 일부러 안 하는 아이들에게도 이 방법을 쓰면 좋습니다.

우리 아이는 대소변을 가릴 준비가 되었을까? Tip

대소변을 가릴 수 있는 시기는 아이 기질에 따라, 발달 상태에 따라 다릅니다. 하지만 아이의 행동을 살펴보면, 배변 훈련을 시킬 때가 되었는지 가늠해 볼 수 있습니다. 다음과 같은 기준을 두고 내 아이의 행동을 관찰해 보세요.

1. 소변을 4시간 정도 참았다가 한 번에 쌀 수 있다.
2. 대변을 일정한 시간에 본다.
3. 혼자 걸어가서 변기에 앉을 수 있다.
4. 엄마 아빠가 화장실에서 볼일을 보는 것을 따라 한다.
5. "싫어", "안 해" 등의 말을 하고 자기주장이 늘어난다.
6. 바지나 치마를 올리고 내릴 수 있다.
7. '쉬', '응가' 등의 말을 알아듣고 사용할 수 있다.
8. 대소변 때문에 옷이 젖으면 불편해한다.

응가를 참거나 숨어서 해요

아이들은 대소변을 가릴 때 어른들로서는 도저히 이해할 수 없는 행동을 많이 합니다. 엄마 몰래 숨어서 변을 보거나, 기저귀를 찬 상태에서만 변을 보기도 하고, 때로는 너무 참아서 변비에 걸리기도 합니다. 기저귀를 채우지 않으면 똥오줌 범벅이 된 옷가지가 수북이 쌓이기도 하지요. 혼내기도 하고 엉덩이를 때려도 보고, 수십 번 이야기해도 아이들의 이런 괴상한 버릇은 쉽게 고쳐지지 않습니다.

그동안 부모가 이끄는 대로 살았던 아이들은 두 돌이 넘어가면서 자기 조절력을 갖게 됩니다. 정신적으로는 부모로부터 조금씩 독립하며 자기주장이 생기고, 신체적으로는 자율신경계가 발달하면서 대소변을 조절할 수 있게 됩니다. 이때 아이들은 무엇이든 자기 뜻대로 하려 하고, 그렇게 하는 데서 기쁨을 느낍니다. 그래서 자기가 할 수 있는 것을 누가 대신 해 주면 울며 뒤로 넘어갑니다.

* 대소변 가리기는 자기 조절력의 시작입니다

대소변 가리기 역시 자기 뜻대로 조절하고 싶어 합니다. 또한 자기 뜻대로 되지 않을 때는 무척 실망하게 됩니다. 때문에 실수를 하고 울어 버리거나, 다시 실패할 것이 두려워 응가를 참기도 합니다. 이때 아이들의 이런 감정을 잘 조절해 주지 않으면 배변 훈련이 어려워지고, 정서 발달에도 문제를 가져올 수 있습니다. 특히 엄마가 결벽증이 있어 아이에게 심하게 배변 훈련을 시킬 경우 예민한 아이는 변비가 생기기도 합니다.

숨어서 배변을 하는 것은 아이에게는 변을 떨어트리는 일이 무섭기 때문입니다. 이 시기 아이들은 아주 사소한 것에도 겁을 먹고 무서워합니다. 몸에서 똥이 나가는 것을 자기 몸의 일부가 떨어져 나가는 것으로 받아들여 배변을 무서워하는 것이죠. 아이는 똥이 몸 밖으로 나가는 것도 무섭고, 몸에서 조절이 안 되는 상황도 두렵기 짝이 없습니다. 이런 아이의 행동은 아이가 발달하는 과정에서 나타나는 정상적인 것이므로 예민하게 반응할 필요가 전혀 없습니다. 실패를 두려워하는 아이의 마음을 이해해 주고 보듬어 주는 일에 더 신경을 써 주세요.

그래서 저는 엄마들에게 예전에 할머니들이 손자 손녀에게 했듯 배변 훈련을 시키라고 얘기하곤 합니다. 우리 할머니들은 여름이면 아이를 훌러덩 벗겨 놓고 키웠지요. 아랫도리를 벗은 아이들이 돌아다니다 대소변을 보면 "아이고 내 새끼. 똥 예쁘게 눴네" 하고 웃으면서 치워 주었습니다. 또 오줌을 눌 때가 되었다 싶으면 할머니는 아이를 데려다 "쉬~" 하며 오줌을 누게 했습니다. 그렇게 깡통을 들고 쫓아다니며 '쉬'를 하게 하는 것만으로도 아이들은 아무 데서나 대소변을 보면 안 된다는 것을 알게 됩니다. 정리해 보자면 안 나오면 안 나오는 대로, 나오면 나오는 대로 "때가 되면 하겠지" 하고 아이 스스로 깨우칠 때까지 기다려 주며, 아이의 발달에 맞춰 주는 것이 할머니들의 배변 훈련법입니다.

아이가 배변 훈련에 어려움을 느끼고 있다면, 문제를 아이 탓으로 돌릴 것이 아니라 평소 배변 문제로 아이를 지나치게 다그치지는 않았는지 곰곰이 생각해 보기를 바랍니다. 만약 그렇다면 좀 더 느긋한 마음으로 아이가 자신에게 주어진 첫 번째 과제를 잘 해내도록 도와주세요. 몇 개월 늦어진다고 해서 큰일 나는 것도 아닐뿐더러, 준비됐을 때 자연스럽게 훈련을 시키는 것이 아이 정서 발달에도 좋습니다.

자다가 깜짝 놀라서 울거나 일어나서 돌아다녀요

아이의 잠 문제는 아이가 태어나는 순간부터 부모의 걱정거리 목록에 빠지지 않고 등장합니다. 신생아 때는 밤낮이 바뀌어서 걱정, 2~3세 때는 자다가 갑자기 깨어 울어서 걱정, 3~4세 때는 자다 오줌을 싸서 또 걱정입니다. 게다가 4세가 넘어서는, 자다가 깜짝 놀라면서 일어나 우는 야경증과 자다 일어나서 돌아다니는 몽유병이 나타나기도 해서 걱정입니다.

* 가벼운 수면 문제는 자연스러운 발달 과정

아이들의 수면 역시 일련의 발달 과정을 거칩니다. 신생아 때는

24시간 중에 20시간 이상 잠을 잡니다. 그러다가 3개월쯤 되면 낮보다는 밤에 잠을 더 자게 되지요. 돌이 되면서부터는 비로소 성인과 유사한 수면 패턴을 보이게 됩니다. 그렇기 때문에 아이의 수면 습관을 어른과 비교해서 이해하려 해서는 안 됩니다.

사람의 잠은 꿈을 꾸면서 자는 렘수면(REM Sleep), 꿈을 꾸지 않고 푹 자는 비렘수면(NON REM Sleep)으로 나뉩니다. 사람이 잠을 잘 때는 렘수면과 비렘수면이 반복되는데, 후반부로 갈수록 렘수면이 늘어나면서 꿈을 꾸게 됩니다.

비렘수면에서 렘수면 상태로 바뀔 때 잠시 의식이 깨어나기도 하는데, 어른의 경우 이를 잘 느끼지 못해 약간 뒤척이거나 설핏 잠에서 깼다가 다시 잠이 들곤 하지요. 그러나 이런 수면 패턴이 익숙하지 않은 아이들은 잠을 자다가 심하게 뒤척이면서 짜증을 부리거나 울고, 때로는 아예 잠에서 깨기도 합니다. 하지만 대부분의 경우 성장하면서 수면 습관이 바로잡히기 때문에 크게 걱정하지 않아도 됩니다.

* 자다가 깜짝 놀라 우는 야경증

모두가 잠든 한밤중, 갑자기 아이가 벌떡 일어나 웁니다. 아이를 보니 무서운 꿈이라도 꾼 것처럼 공포에 떨고 있고, 목적 없이 무언가를 집으려는 행동도 보입니다. 아이를 안으니 심장도 쿵쾅쿵쾅 뛰고 식은땀까지 흘립니다. 아이 이름을 부르며 흔들어 보지만 아이의 눈동자는 멍한 상태이고 부모의 말에도 아무런 반응이 없습니다. 그러다가 5~15분 정도가 지나면 언제 그랬느냐는 듯 편하게 잠들어 버립니다. 다음 날 아침이 되어 어젯밤 일에 대해 물어보면 아이는 전혀 기억을 하지 못합니다. 이것이 야경증의 전형적인 증상입니다.

야경증이나 몽유병, 잠꼬대 등은 모두 비렘수면에서 나타나는 현상입니다. 꿈을 꾸는 동안, 즉 렘수면에서는 그런 현상이 나타나지 않습니다. 따라서 야경증은 악몽을 꿔서 잠에서 깨는 것과는 다릅니다. 악몽인 경우는 부모가 옆에서 토닥거려 주면 곧 다시 잠들고 공포의 정도가 야경증만큼 심하지 않습니다. 또한 악몽은 아이가 밤에 일어난 일을 어느 정도는 기억하지만 야경증은 그렇지 않습니다.

야경증이 보이는 시기는 4~12세 사이이고, 그 연령대 아이들의 1~3퍼센트가 경험하는 것으로 알려져 있습니다. 중추신경계의 발달이 미숙한 아이에게서 나타나는 증상으로 초등학교 고학년으로 갈수록 점차 사라집니다. 발작이나 경기, 간질과 아무런 관련이 없고, 그로 인해 정서나 성격 면에서 문제가 생기지도 않으므로 크게 걱정하지 않아도 됩니다.

* 자다 일어나 걸어 다니는 몽유병

몽유병은 5~12세 아이들 중 15퍼센트가 겪는 흔한 증세로 나이가 들면서 점차 사라져 성인의 경우에는 0.5퍼센트가 몽유병 증상을 보입니다. 성인에게는 몽유병이 심각한 정신 질환이 될 수 있지만, 아이의 경우에는 발달 과정에서 나타나는 흔한 증세로 볼 수 있는 것이지요.

몽유병 아이들은 잠자리에서 일어나 눈동자가 풀린 상태나 눈을 감은 상태로 돌아다니는 등 목적 없는 행동을 합니다. 때로는 잘 자던 아이가 일어나서 장난감을 가지고 놀고, 텔레비전을 켜기도 하여 부모가 깜짝 놀라지요. 어떤 아이들은 이때 말을 걸면 대답을 하기도 합니다. 야경증과 마찬가지로 옆에서 깨우려 해도 깨지 않고, 아침에 일어나서도 지난밤 일을 기억하지 못합니다. 이런 증상은 잠들고 나서 두세 시간 이내에 시작되어 30분 정도 지속된 후 다시 잠들면서 끝납니다.

정서적으로 문제가 있어서 몽유병이 나타나는 것도 아니고, 몽유병으로 인해 성격에 문제가 생기는 것도 아닙니다. 또한 사춘기 이전에 자연스럽게 사라집니다. 그러니 크게 우려하지 말고, 아이가 일어나서 움직일 때 다치지 않도록 주변 환경을 안전하게 만들어 주세요. 아이가 걸어 다니는 곳 주위에는 장난감이나 가구를 놓지 않는 것이 좋습니다.

*잠꼬대

잠꼬대는 비렘수면에서 렘수면으로 바뀌는 각성 상태에서 나타나는 현상으로, 아이가 깨어 있는 것이 아닙니다. 잠에 취해 아무 생각 없이 하는 행동이라는 말이지요. 이런 경우 대부분의 엄마는 아이의 잠꼬대를 실생활과 연관 지어 심각하게 고민을 합니다. 특히 '안 돼!', '내려와', '그만해'와 같은 강한 말을 반복할 때는 아이에게 스트레스가 될 만한 일이 있었는지 걱정하게 되고요. 하지만 잠꼬대에 아이의 평소 생활이 담겨 있다고 할 수는 없습니다.

아동의 수면에 대한 연구 결과를 보면 3~10세 아이들의 반 정도가 1년에 한 번 정도 잠꼬대를 한다고 합니다. 그러므로 그 정도가 심하지 않다면 발달 과정 중에 나타나는 자연스러운 현상일 뿐입니다. 하지만 잠꼬대가 너무 자주 나타나거나, 중얼거리는 수준이 아니라 소리를 지르고 손발을 휘젓는 행동을 보인다면 다른 문제가 있는지 살펴봐야 합니다. 수면의 질이 좋지 않거나 불안 장애로 악몽을 꾸는 등 특정한 원인이 있을 수 있기 때문이지요.

몇 년 전 심각한 불안 장애로 인해 잠꼬대를 하는 아이를 치료한 적이 있습니다. 아이는 교통사고를 목격한 이후부터 이런 증상을 보였다고 합니다. 이때는 잠꼬대의 원인이 되는 불안 장애를 먼저 치료해야 합니다. 만일 뇌 기능에 문제가 있을 경우에는 신경과적 치료를 병행할 수도 있습니다.

Chapter 2

자기 조절

산만한 아이,
엄마 탓일 수도
있습니다

에너지가 넘치는 아이들을 데리고 공공장소에 가거나 모임에 나가면, 이리저리 나대는 아이들 때문에 신경이 곤두서곤 할 것입니다. 식당에선 한순간도 가만 앉아 있지 못하고, 극장이나 전시회장 같은 곳에서도 마찬가지고요. 한창 개구쟁이 짓을 할 미운 네 살이라면 더 그렇겠지요. 엄마는 하지 말라고 말리고, 아이는 어떻게든 하려고 하고……. 엄마와 아이 사이에 실랑이가 잠시도 끊이지 않습니다.

실랑이에 지친 엄마는 아이가 너무 산만한 건 아닌지 고민을 하게 되지요. 그러나 아이의 모든 행동에는 이유가 있습니다. 행동 자체를 탓하지 말고 무엇이 아이를 산만하게 만드는지 그 이유를 찾아보세요.

* 부모의 높은 기준이 산만한 아이를 만듭니다

아이가 어릴수록 집중 시간이 짧기 때문에 아무것도 안 하고 가만히 있으라고 하면 그것 자체가 아이에게 고문일 수밖에 없습니다. 유치원이나 어린이집의 수업을 생각해 보세요. 그곳에서 아이들이 한 가지 활동을 하는 시간은 15~30분 정도입니다. 그 시간 안에 활동의 도입, 전개, 결말의 전 과정을 모두 마칩니다. 그 이상의 시간 동안 집중하는 것은 아이들 능력 밖의 일입니다. 그러니 공공장소에서 아이들이 움직이지 않고 30분을 넘게 있는 것은 불가능하다고 할 수 있어요.

또한 아이가 어떤 상황에서 산만함을 보이는지 생각해 보세요. 혹시 부모 스스로 점잖게 행동해야 한다는 강박관념을 가지게 되는 곳은 아닌가요? 전시회장이나 극장, 예식장 같은 곳 말입니다. 그런 곳에서는 부모도 긴장이 되어 아이의 사소한 행동 하나하나에 신경을 곤두세우고 지적을 하게 되지요. 어른들도 지키기 힘든 높은 기준을 세우고 아이에게 요구한다면 아이는 산만해질 수밖에 없습니다.

아이들은 부모가 주는 과도한 부담을 덜기 위해 딴짓을 하기도 합니다. 그러므로 아이를 산만하다고 다그치기 전에 입장을 바꿔 다시 생각해 보기를 권합니다. 보통 아이가 산만하다고 느끼면 ADHD를 먼저 떠올리는데, 건강한 아이들의 활동적인 모습이 산만하게 비춰질 때가 많습니다. 그러니 너무 예민하게 받아들이지 않으셔도 됩니다.

* 이유 없이 산만한 아이는 없습니다

다시 말하지만 아이의 행동에는 다 이유가 있습니다. 부모가 그 이유를 찾아내기 위해 노력하고, 아이가 원하는 것을 해 주면 산만한 행동을 줄일 수 있습니다.

제 경험을 얘기하자면, 큰아이 경모는 어릴 때부터 기질도 까다롭고 모든 면에서 예민한 아이였습니다. 특히 밥을 먹일 때마다 얼마나 산만하게 구는지 식사 시간만 되면 전쟁터가 따로 없었습니다. 식탁에 얌전히 앉아서 먹는 것은 꿈도 꾸지 못했고, 밥을 입에 물고 여기저기 돌아다니는 경모와 정말 힘겨운 숨바꼭질을 해야 했지요.

끌어다 앉히고 억지로 먹이려고도 해 보고, 무서운 얼굴로 혼도 내 보고, 살살 달래도 보았지만 경모의 산만한 행동은 전혀 나아지지 않았습니다. 오죽했으면 경모가 밥을 잘 먹게 되면 더 이상 아무것도 바라지 않겠다는 생각까지 했을까요. 아무리 노력을 해도 달라지지 않는 경모를 보면서 문득 그런 생각이 들더군요.

'경모가 이렇게 음식을 거부하는 데는 무언가 다른 이유가 있지

않을까?'

저는 그때부터 왜 경모가 밥 먹을 때마다 산만한 행동을 보이는지 원인 찾기에 나섰습니다. 음식에 대한 경모의 반응을 보면서 어떤 음식을 싫어하고, 어떤 음식을 좋아하는지 체크했지요.

그러다 보니 서서히 가닥이 잡히기 시작했습니다. 혀에 닿는 음식의 촉감에 예민한 것이 그 원인이었습니다. 경모는 혀끝에 닿는 거친 반찬과 끈적거리는 밥의 느낌이 싫었던 것입니다. 그래서 밥을 먹을 때마다 기분이 좋지 않았고, 어떻게든 밥을 안 먹으려는 심리가 산만한 행동으로 나타난 것이지요.

이런 경우는 양육자가 아이에게 맞춰야지 도리가 없습니다. 아이도 싫은 것을 어떻게 하겠습니까. 경모가 무엇을 힘들어하는지 알고 나서부터 저는 경모가 좋아할 만한 음식을 만들어 먹여 보았습니다. 그러다 보니 참기름이 들어간 음식은 그런대로 잘 먹는다는 사실을 알게 되었지요. 그래서 그때부터 경모가 먹는 모든 음식에는 참기름을 넣었습니다. 심지어 김치도 참기름을 발라서 먹였지요.

그때 만일 제가 경모의 식습관을 바로잡겠다고, 육아 책에 나오는 것처럼 아이가 안 먹으면 밥상을 치워 버리고, 아이가 찾을 때까지 아무것도 주지 않았다면 어떻게 되었을까요? 아마 경모는 발육 부진이 되었을지도 모를 일입니다. 또한 매일 야단맞고, 하기 싫은 일을 강요당하면서 성격도 나빠졌겠지요.

아이가 특정 상황에서 산만한 행동을 보일 경우 그 원인을 찾아 보세요. 원인을 찾아 아이의 요구를 맞춰 주는 것이 양육자도 아이도 편해지는 지름길입니다.

* 호기심은 살리고 무례함은 바로잡고

아이들은 낯선 환경뿐 아니라 익숙한 환경에서도 새로운 것을 찾고 새로운 놀이를 창조하는 존재입니다. 호기심이 많다는 것은 새로운 장소, 상황, 인물에 대해 궁금한 것이 많고 그 궁금증을 해결하려는 의지가 강한 것이지요. 하지만 그 궁금증이 어른들이 대답하길 꺼리는 내용이거나, 해결 과정이 어른들이 원하는 방식이 아닐 때가 많아서 갈등이 생기곤 합니다. 어른들의 대화 중에 불쑥 질문을 하거나, 처음 보는 물건이 있으면 무조건 손으로 만지니까요.

이런 행동이 어른들에게는 산만하게 보이지요. 그러나 아이에게는 여러 가지 방법을 시도하고 성공과 실패를 경험하면서 새로운 것을 알아 가는 과정이랍니다. 그 과정을 통해 자신을 둘러싼 세상을 알아 가는 것이지요. 그러니 어느 정도의 산만함은 용인해 줄 필요가 있습니다.

그렇다고 무례한 모습을 그냥 내버려 두라는 것은 아닙니다. 예의에 어긋나는 일에 대해서는 주의를 주어야 합니다. 어른들이 대화를 하고 있으면 이야기가 끝나기를 기다렸다가 하고 싶은 말을 하게 하고, 호기심이 가는 물건을 만지고 싶을 때는 만져 봐도 되는지 허락을 받도록 가르쳐야 합니다. 또한 위의 경모 사례와 같은 경우 아이 입맛에 맞게 음식을 만들어 주되, 밥을 먹을 때는 돌아다니지 말고 식탁에 앉아 먹어야 한다는 것도 알려 줘야 아이가 상황에 맞는 예의범절을 배울 수 있습니다.

우리 아이 집중력, 어느 정도일까? Tip

1. 손발을 가만히 두지 못하고 계속 움직인다. ☐
2. 식사를 하면서 몸을 자주 흔든다. ☐
3. 엄마 아빠가 말하는 도중에 자주 끼어든다. ☐
4. 혼자서는 조용히 놀지 못한다. ☐
5. 질문이 끝나기 전에 그 질문에 대답을 한다. ☐
6. 엄마가 이야기를 하면 귀 기울여 듣지 않는다. ☐
7. 음식을 먹을 때 무언가에 쫓기는 것처럼 빨리 먹는다. ☐
8. 어린이용 비디오를 집중해서 보지 못한다. ☐
9. 책을 읽어 주면 끝까지 듣지 못한다. ☐
10. 장난감이나 가방 등 자기 물건을 자주 잃어버린다. ☐

[결과 보기]

▶8개 이상 해당하는 아이 : 집중력 강화 훈련이 필요합니다.
▶5~7개에 해당하는 아이 : 집중력이 부족한 편입니다.
▶1~4개에 해당하는 아이 : 집중력에 문제가 없어요.

아이의 집중력을 높여 주려면?

Tip

1. 사람 많은 곳에 자주 데려가지 않는 것이 좋습니다

산만한 아이들은 자신의 산만한 행동에 스스로 힘들어합니다. 아직 자기 조절력이 부족해, 너무 힘든데도 불구하고 주변에 자극이 많다 보니 저도 모르게 산만한 행동을 하는 것이지요. 이런 아이들에게는 주변 환경을 차분히 만들어 주어야 합니다. 산만한 아이들은 시장 같은 곳에 가면 더 산만해질 수 있으니 애초에 안 가는 편이 좋고, 가더라도 아이를 통제할 수 있는 남자 어른과 함께 가는 것이 좋습니다.

2. 집 안을 차분하게 정리합니다

집 안 환경도 중요합니다. 항상 텔레비전 소리가 들리는 등 시끄러운 환경에서는 누구라도 산만해지기 쉽습니다. 아이가 지나치게 호기심을 보일 만한 물건은 애초에 치워 두고, 아이가 머무는 일상적인 공간은 최대한 정리 정돈해 두세요.

3. 아이의 일에 참견하지 않습니다

아이가 뭔가에 집중하고 있을 때는 일단 내버려 두는 것이 좋습니다. 아이 방이 지저분하더라도 아이가 책 읽기나 놀이에 집중하고 있으면 정리는 다음 기회로 미루세요. 한 가지 일에 몰두하고 집중하는 버릇이 생기면 아이의 산만한 행동도 자연스럽게 줄어들게 됩니다.

4. 에너지를 분출할 기회를 주세요

산만한 아이들은 대개 에너지가 넘칩니다. 그 에너지를 분출하지 못하면 집 안에서 이리저리 뛰어다니며 말썽을 피우게 됩니다. 그러므로 밖에서 실컷 뛰어놀거나 운동을 할 수 있는 기회를 자주 만들어 주세요. 또한 블록 쌓기나 퍼즐 맞추기 등 집중할 수 있는 놀이를 병행하면 산만함을 줄이는 데 도움이 됩니다.

5. 공공장소에 갈 때는 미리 가지고 놀 것을 준비합니다

아이들이 얌전히 있어야 하는 공공장소에 갈 경우에는 그림 도구나 아이가 혼자서 볼 수 있는 책 등 흥미로운 것을 준비해 아이가 차분히 그것을 즐길 수 있도록 합니다. 지하철을 타고 가는 동안 종이 접기나 실뜨기를 할 수도 있고, 건물 안에 오래 있어야 하는 경우라면 부모 중 한 명이 잠깐 아이와 밖에 나가 노는 것이 좋습니다. 종종 아이와 영화나 연극을 보러 갔다가 제대로 보지 못하고 돌아가는 부모를 보게 되는데, 아이와 함께 공공장소에 갈 때에는 아이가 그 시간을 견딜 수 있는 능력이 되는지부터 따져 봐야 합니다.

아이가 말보다는 손이 먼저 나가요

"저희 아이는 자기 뜻대로 되지 않으면 무조건 손이 먼저 나가요. 매번 '너는 말을 할 수 있으니까 말로 해야 하는 거야' 하고 이야기해도 그때뿐이고 행동에 전혀 변화가 없어요. 얼마 전에는 놀이터에서 친구와 놀다 그 친구가 가진 장난감을 확 뺏더라고요. 친구가 자기 장난감을 달라고 울며 달려들자 아무 말 없이 그 아이를 확 밀쳐 버리는 거 있죠. 그때 제가 얼마나 놀랐는지 몰라요. 저희 아이에게 무슨 문제라도 있는 건가요?"

아이가 공격적이라며 병원을 찾는 부모들이 많습니다. 특히 남자아이들의 경우가 많지요. 부모들은 아이가 다짜고짜 손부터 휘두르면 놀라서 어쩔 줄 모릅니다. 왜 세상 물정 모르는 순수하고 천사 같은 아이들이 공격성을 보이는 것일까요?

* 환경적 원인으로 나타나는 공격성

공격성과 성적인 욕구는 인간이 타고난 본능이라고 이야기하는 학자들이 많습니다. 인류의 진화 과정을 살펴보면 투쟁의 역사라고 할 수 있습니다. 적으로부터 자신을 지키기 위해서는 어쩔 수 없이 공격성을 가져야 했지요. 그러므로 공격성을 꼭 나쁘다고만 말할 수는 없습니다. 때로는 자신에게 닥친 난관을 뛰어넘게 하는 힘이 되기도 하지요. 아이들의 공격성 역시 이런 맥락에서 살펴볼 수 있습니다.

아이들의 공격성은 몸을 자기 마음대로 놀릴 수 있는 돌 이후에 나타나기 시작합니다. 자기 뜻대로 되지 않으면 엄마를 때리고, 물건을 던지며 화를 드러냅니다. 이때는 대부분의 부모들이 '아직 말을 못 해서 그러려니' 하고 넘기게 됩니다. 그러다 자기가 필요한 말은 다 할 수 있는 4세가 넘어서까지 뜻대로 되지 않을 때 무조건 공격성을 보이면 심각한 문제로 생각하게 되지요.

남의 아이가 공격성을 보이면 '부모가 애 교육을 어떻게 시킨 거야?' 하며 넘어갈 수 있지만 내 아이가 그러면 정말 당황스러운 것이 사실입니다. 이때 아이를 바로잡아 주지 않으면 이런 공격적인 성향이 발전되어 의도적으로 부모의 말과 반대되는 행동을 하므로 주의해야 합니다.

또한 아이의 좋지 않은 성장 환경도 공격성의 원인이 됩니다. 환경적 요인은 다음과 같아요.

① 소아 질환을 앓고 있는 경우

정신지체가 있는 경우 주변 상황에 대한 이해가 부족해서 공격성이 나타나기 쉽고, ADHD를 앓고 있는 경우에도 공격성이 나타날 수 있어요. 아이가 언어장애를 가지고 있는 경우에도 표현 능력이 부족하여 공격성을 보이기도 합니다.

② 부모의 과잉보호

부모가 모든 것을 받아 주는 것도 아이의 공격성을 키울 수 있어요. 아이가 공격성을 보인다면 아이의 요구를 다 받아 줄 것이 아니라 단호하게 대처해야 합니다.

③ 폭력에 노출된 환경

부모에게 부당한 체벌을 자주 당하거나, 텔레비전이나 동영상에서 폭력적인 장면을 자주 보고 폭력적인 게임을 많이 하는 아이들에게서 공격성이 잘 나타납니다.

④ 일관성 없는 양육 태도

어떤 때는 아이의 공격성을 받아 주고, 어떤 때는 아이의 공격성에 제재를 가하면 아이의 공격성은 더 커지게 됩니다.

* 사교육으로 인한 스트레스도 공격성의 원인

조기교육 열풍 탓에 우리나라 아이들은 기저귀도 떼기 전에 이런저런 사교육을 받는 경우가 많아요. 부모들은 시켜 보니 아이들이 무척 좋아한다며 사교육을 시키는 당위성을 늘어놓지만, 정말 아이가 그걸 좋아할까요? 그리고 그 효과가 있을까요?

어린 시절, 특히 3~5세는 일생에서 가장 상상력이 풍부하고 세상을 제멋대로 바라보는 시기입니다. 이 시기에는 모든 사물을 자신의 관점으로 바라보고, 자기만의 언어로 그 사물을 명명하지요. 때로는 엉뚱한 소리를 하여 아이가 모자란 것처럼 보이기도 하지만 이는 발달상 아주 자연스럽고 꼭 필요한 과정입니다. 어린 시절에 이 같은 과정을 잘 거쳐야 나이가 들어서 공부다운 공부를 했을 때 그것을 내면화할 수 있어요.

몇 년 전, 세간에서 영어 신동이라며 주목을 받던 아이가 지적 능력을 테스트하기 위해 병원을 찾아온 일이 있습니다. 아이를 만난 자리에서 "How are you?"라고 물었더니 즉시 "Fine, thank you. And you?"라는 답이 나왔습니다. 똑 부러지게 대답하는 아이의 모습이 재미있어 몇 가지 질문을 더 하자 아이의 표정이 일그러지기 시작했습니다. 한번 말문이 막힌 아이는 그 뒤 어떤 질문에도 대답을 하지 않더니 급기야 화를 내며 엄마를 때렸습니다. 이것은 자신의 능력을 넘어선 문제에 거부 반응을 보이는 '시험 불안' 증세였습니다. 아이를 진정시키고 엄마와 이야기를 나눠 보니 아이 행동의 원인을 알 수 있었지요.

어렸을 때부터 영어를 가르쳤는데 아이는 엄마가 시키는 대로 잘했다고 해요. 주변에서도 영어를 잘한다는 평을 받자 그 엄마는 더욱 영어 교육에 몰두했지요. 영어 실력이 다른 아이에 비해 월등해지니 이제는 언론의 주목을 받기 시작했습니다. 그때마다 아이는 시험대에 올라 이런저런 평가를 받곤 했지요. 좋은 평가가 나올 때마다 엄마의 기분은 하늘을 날았습니다. 하지만 아이는 그럴수록 '혹시 내가 못하면 어떻게 하나' 하는 불안과 강박관념을 갖게 되었지요. 결국 아이는 이해가 되지 않아도 무조건 외우고 보는 습관을 갖게 되었습니다. 그러니 암기하지 않은 내용의 질문을 받았을 때 앞에서처럼 공격성을 보인 것이지요.

아이들은 발달학적으로 시험 상황에서 엄청난 스트레스를 받습니다. 이때 아이가 받는 스트레스는 어른의 것과는 차원이 다릅니다. 어른이야 시험 상황에 놓여도 뇌 발달이 끝난 상태이기 때문에 뇌에 영향을 받지 않지만, 아이들은 스트레스를 장기간 심하게 받다 보면 뇌에 아주 큰 타격을 받게 됩니다.

그 영향으로 기억력과 도덕성이 떨어지면서 공격성이 나타나게 됩니다. 아이 입장에서 볼 때 공부는 일종의 억압입니다. 발달상 견디기 어려운 억압이 주어졌을 때 불만을 거쳐 공격성으로 나타나게 되는 것이지요.

* 아이의 공격성에 관한 부모들의 착각

흔히 공격적인 아이를 기를 때, 부모는 일단 아이의 행동을 규제하거나 야단쳐야 한다고 생각합니다. 하지만 아이의 공격성을 완화하기 위해서는 오히려 공격적인 성향을 마음껏 표출하고 발산하게 하는 것이 좋습니다. 억지로 억누르거나 야단을 치면 공격성은 더 강하게 작용합니다. 우선 아이가 자신의 감정을 마음껏 표현하게 한 다음 감정을 조절시키고 올바르게 행동하는 법을 차분히 가르쳐 주세요. 단, 아이의 공격성이 폭력으로 나타난다면 그 즉시 단호하게 제지해야 합니다. 반복된 폭력은 습관으로 굳어질 가능성이 크기 때문입니다.

* 허용과 통제의 조화가 중요

공격성이 인간의 본능인 만큼 너무 위험한 행동만 아니면 아이를 그대로 두어도 나이가 들면서 점차 나아집니다. 그러므로 적당히 풀어 주되 공격성이 너무 심해 다른 사람에게 피해를 줄 정도가 되었을 때는 어느 정도 통제를 하는 것이 좋습니다. 아이들의 공격적인 행동을 얼마만큼 허용하고 통제하느냐는 부모의 성격에 따라 다를 수 있지만, 허용과 통제가 조화를 이루어야 합니다.

만약 부모가 아이의 공격성을 체벌이나 호통으로만 다스린다면 아이 역시 부모의 이런 행동을 따라 하게 됩니다. 형제를 키울 때 큰아이에게 체벌을 하면, 큰아이가 부모가 자신에게 한 그대로 동생을 체벌하는 경우를 흔히 볼 수 있지요. 따라서 아이에게 공격성을 적절히 처리하는 방법을 가르치기 위해서는 부모부터 공격적인 행동을 보이지 않는 것이 중요합니다. 부모는 '아이의 거울'임을 잊지 마세요.

아이 버릇은 초기에 잡아야 한다는 생각에 공격적인 행동을 강하게 통제하면, 아이는 자신의 본능인 공격성을 적절히 조절하지 못해 유치원 선생님에게 반항하고 친구를 괴롭히게 됩니다. 또한 큰아이가 동생을 괴롭힐 때 이를 너무 심하게 야단치면 반항적인 성향을 갖게 될 수도 있습니다. 할아버지 할머니와 함께 사는 경우에 할아버지 할머니는 아이의 공격성을 '그럴 수도 있지' 하며 넘기는데 엄마 아빠는 '절대 안 된다'며 강하게 통제하면, 아이는 어떻게 해야 옳은지 몰라 반항적인 성향을 가질 수 있습니다.

* '생각하는 의자' 활용하기

아이가 자신의 공격성을 적절히 조절하게 하려면 부모가 아이를 잘 다루어야 합니다. 우선 아이가 공격성을 보이면 '드디어 시작이다' 하는 마음의 자세를 가져야 합니다. 그렇지 않으면 아이의 페이스에 말려들어 화를 내기 쉽지요. 아이가 공격적인 행동을 하면 차분한 마음으로 부드럽게 제재하세요. 이때 아이가 부모의 제재를 따르지 않는다 해도 화를 내지 말고 아이의 행동이 옳지 않다는 것을 말과 행동으로 이야기해 줍니다.

이렇게 하면 대부분의 여자아이들은 공격적인 행동을 멈추지만, 기질이 강한 남자아이들은 반발심에 더 강하게 공격성을 보이기도 하지요. 이때는 부모도 강하게 나가야 합니다. 아이가 손으로 때리려고 하면 그 손을 잡고 움직이지 못하게 하며 부모가 힘이 더 세다는 것을 보여 줄 필요도 있습니다. 그렇게 하면 힘으로 해결하려는 버릇을 잡아 줄 수 있습니다.

또한 '생각하는 의자'를 마련하여 아이가 공격적인 행동을 할 때마다 그 의자에 앉아 1~2분 정도 반성하게 해 보세요. 하지만 이때 방문을 닫거나 방이 어두우면 무서움에 무엇을 반성해야 할지 알지 못할 수 있으니, 엄마 아빠를 볼 수 있는 장소에 의자를 마련하는 것이 좋습니다.

저는 경모와 정모가 어렸을 때 생각하는 의자 대신 소파 한구석을 '생각하는 자리'로 만들었어요. 의자를 따로 마련하기보다 거실에 있는 소파를 활용한 것이지요. 보통 문제가 일어나는 곳이 거실이기 때문에 소파 한 구석을 생각하는 자리로 활용하니 아이를 이동하게 하는 것이 편했어요. 또한 엄마와 한 공간에 있기 때문에 아이가 불안해하지 않고 반성에 집중할 수 있었지요.

아이의 공격적인 행동을 통제할 때는 아이가 왜 화가 났는지, 왜 공격적인 행동을 했는지 살펴보세요. 만약 주변 환경이나 부모에게 문제가 있었다면 아이를 야단쳐서는 안 됩니다. 또 부모가 잘못했을 경우에는 미안하다고 진심으로 사과를 해야 합니다. 부모의 사과를 받은 아이는 부모가 자신의 기분을 알아주었다는 사실만으로도 심리적 안정을 느끼며 공격적인 행동을 자제하게 됩니다.

공격성을 풀어 주는 놀이 Tip

공격성이 강한 아이는 놀이를 통해 공격성을 마음껏 표출하고 발산하게 하는 것이 좋습니다.

●모래 놀이
모래는 만지는 대로 형태가 변하기 때문에 정해진 놀이 방법이 없어 경쟁이 필요 없습니다. 그래서 욕구불만이 있는 아이들에게 감정을 발산할 수 있는 좋은 놀이가 됩니다.

●물건 두드리기
야구 경기장에서 막대 풍선을 두드리며 응원한 적이 있다면, 무언가를 두드릴 때 스트레스가 날아가는 기분이 뭔지 알 것입니다. 아이들 역시 손에 쥐기 쉬운 물건을 들고 마음껏 두드리면 화가 나서 격해진 기분을 풀 수 있습니다.

●신문지 찢기
아이와 함께 신문지를 마음껏 찢어 보세요. 찢은 후에는 신문지를 머리 위로 날리며 신나게 놀아 보세요. 부모도 아이도 기분 전환이 될 것입니다.

무조건 사 달라고 떼를 써요

주말 오후, 두 아들과 함께 쇼핑센터에 가면 종종 보게 되는 풍경이 있습니다. 바로 장난감 코너 앞에서 자신이 원하는 장난감을 사 달라고 떼를 쓰는 아이와 곤혼스러운 표정으로 이를 말리는 부모의 모습입니다. 이제는 다 자란 경모와 정모가 그런 아이를 보며 한마디 합니다.

"아! 애들은 정말 골치 아파."

개구리 올챙이 적 생각 못 한다고, 자기네들도 장난감 사 달라고 떼를 써서 엄마를 힘들게 했으면서 말입니다.

떼쓰는 아이, 어떻게 하면 좋을까요? 어르고 달래기도 해 보고 호통도 쳐 보지만, 막무가내로 고집을 피우는 아이 앞에서 부모는 참으로 난처해집니다.

* 물건에 대한 소유욕이 생기는 시기

아이들은 20개월이 넘어가면 물건을 사는 데 재미를 붙이기 시작합니다. 세상을 자기중심적으로 보는 시기이기 때문에 '내가 원하는 것은 다 가질 수 있다'고 생각하기도 하지요. 그래서 아이들을 장난감 가게에 데리고 가면 자동차며 인형이며 양손 가득 집어 들고는 전부 사 달라고 떼를 씁니다.

이때 아이의 손을 탁 때리며 "안 돼!" 하며 호통을 치는 부모도 있는데, 그런다고 해서 한 번에 물러서는 아이들은 없습니다. 아이는 어떻게든 자기의 요구를 관철하기 위해 울고, 부모는 그런 아이를 힘으로 잡아끌며 상가를 나가기도 합니다. 때로는 부모는 뒤도 안 돌아보고 앞으로 가고, 아이는 울면서 부모를 찾아 뛰어가기도 합니다. 이런 상황을 여러 번 경험해 본 부모들은 알겠지만, 이것은 부모나 아이에게나 백해무익한 일입니다.

아이에게 물건에 대한 소유욕이 생기는 것은 자아를 만들어 가는 과정의 일부분이지요. 이런 욕구를 부모가 무조건 막지 않고 잘 조절해 줘야 아이가 자신감을 갖게 됩니다. '얘가 도대체 왜 이러지?' 하는 마음보다는 '벌써 자라 소유욕이 생겼구나' 하는 생각으로 어떻게 그 욕구를 조절하면 좋은지 알려 주는 것이 바람직합니다.

* 훈육은 'No', 협상과 타협은 'Yes'

제 아이들도 이것저것 사 달라고 무섭게 조르던 때가 있었습니다. 장난감 코너만 들어섰다 하면 그 자리에 꿈쩍도 안 하고 서서 이것저것 한꺼번에 집어 들고는 제 말은 조금도 듣지 않고 무작정 사 달라고 했지요. 매장 직원 눈치도 보이고 다른 손님들에게도 미안해서 너무 당황스러웠습니다.

일단 저는 당황한 제 마음부터 추스르고, 지금 이 시기가 아이의 소유욕이 강해지는 시기라는 사실을 다시 한번 되새기며 이렇게 이야기해 주었습니다.

"오늘은 이것 하나만 사고, 그건 내일 사자. 오늘 이 장난감들을 다 가지고 놀 수는 없잖아."

이렇게 이야기하니 아이도 엄마 말이 맞는 것 같은지 고개를 끄덕였습니다. 그렇게 위기 상황을 모면한 후 다음 날에는 절대 그 가게 근처에 가지 않았습니다. 아직까지는 단순한 아이들이라 이런 대처가 통하게 마련이지요. 하지만 아이가 어제의 약속을 기억하고 사 달라고 하면 사 주었습니다. 단, 그때마다 왜 사고 싶은지 물어보았습니다.

"이 기차가 왜 갖고 싶은데?"

"이런 모양으로 생긴 기차는 없단 말이야."

물건을 살 때는 갖고 싶다고 해서 사는 것이 아니라 이유가 있어야 살 수 있다는 것을 알려 줘야 한다고 생각했거든요. 그리고 나름의 원칙을 정했습니다. 집에 비슷한 장난감이 많을 경우, 너무 비싼 경우, 사 준 지 얼마 안 되었는데 또 사 달라고 하는 경우에는 사 주지 않기로요. 이렇게 원칙을 세울 때에는 부모도 예외 없이 지키는 것이 중요합니다.

또한 3세 정도가 되면 초기 도덕성이 형성되기 때문에 이때부터는 되는 것과 안 되는 것의 기준을 아이에게 조금씩 가르칠 수 있습니다. 경모가 어려서 10만 원짜리 로봇을 사 달라고 할 때 나누었던 대화를 떠올려 보겠습니다.

"경모야, 네가 그 장난감을 갖고 싶은 것 같은데, 그거 얼마인 줄 아니?"

아이가 모른다고 하기에 가격을 알려 주면서 이렇게 이야기하였습니다.

"경모야, 엄마 아빠가 돈을 벌어 오면 그 돈으로 먹을 것도 사고, 옷도 사야 해. 그런데 경모 것 사는데 10만 원을 쓰면 우리가 쌀을 못 살 수도 있어. 그래도 괜찮겠니?"

"10만 원이 없으면 쌀을 못 사는 거야?"

"10만 원은 굉장히 큰 돈이야."

돈의 가치에 대해 아이의 언어로 설명해 주니 경모 얼굴에 난색이 비쳤습니다. 잠시 생각을 하더니 다시 물었지요.

"그럼 옆집 엄마는 왜 사 줬어?"

이런 질문에 어른들이 당황한다는 것을 알았을까요? 저는 바로 대답을 하지 못하고 잠시 생각을 했습니다. 그리고 이렇게 말해 주었지요.

"옆집은 우리보다 더 부자일 수도 있지. 그리고 그 아이 생일이었을 수도 있어. 너도 생일에는 좋은 선물 받잖아."

"아, 그렇구나. 엄마 아빠가 돈을 많이 벌어야겠구나."

이렇게 해서 경모는 자신이 원하는 것을 모두 가질 수는 없다는 사실을 알게 되었습니다.

아이들이 물건을 사 달라고 조를 때는 무조건 안 된다고 하기보다는 아이가 납득할 수 있는 선에서 조금씩 타협을 하는 것이 중요합니다. 어렸을 때부터 협상하고 타협하는 습관이 든 아이들은 떼를 쓰기 전에 먼저 '왜' 그렇게 하고 싶은지 생각해서 이야기를 하고 다른 사람과 의견이 다를 때는 적절히 타협을 하는 버릇을 갖게 됩니다.

* 막무가내로 떼를 쓸 때는 먼저 울음부터 그치게

협상과 타협이 통하지 않는 경우가 있습니다. 부모와 대화하는 훈련이 안 되었거나, 울면서 떼를 쓰면 아이의 요구를 들어준 경우는 위와 같이 하는 것이 무척 힘들 것입니다. 이럴 경우 우선은 울음을 그치게 하세요.

이런 일이 처음이라면 "저 장난감이 갖고 싶어서 울었구나. 그런데 울면서 이야기하면 네가 뭘 원하는지 알 수 없으니 울지 말고 똑바로 이야기해야 장난감을 사 줄 수 있어"라고 한 다음 아이가 눈물을 그치면 약속대로 장난감을 사 줍니다. 그렇다고 해서 매번 장난감을 사 주라는 것은 아닙니다. 이런 훈련이 반복되면 아이는 울지 않고 자기의 요구를 이야기할 것이고, 그러면 타협과 협상도 가능해질 테니까요.

그러나 이미 울음으로 자기 요구를 받아들이도록 하는 것이 만성화되어 있다면 무조건 달랠 것이 아니라 단호한 태도를 보여 줄 필요도 있습니다. 아이가 떼를 쓸 때는 아이의 눈높이에 맞춰 자세를 낮춘 다음 아이 눈을 바라보며 단호하게 이야기하세요.

"이렇게 울고 떼를 쓰면 아무것도 들어줄 수 없어."

사람이 많은 곳이라면 "이곳은 다른 사람들이 같이 사용하는 곳이니까 이렇게 시끄럽게 하면 안 돼. 엄마랑 다른 곳으로 가서 이야기하자" 라고 말하고 자리를 옮기세요. 아이와 실랑이가 길어져 정말로 다른 사람에게 피해를 줄 수 있으니까요.

이렇게 하더라도 아이는 떼를 쓰며 울 것입니다. 그러면 어떻게 하냐고요? 마지막 방법은 무관심한 태도로 일관하는 것입니다. '이렇게 해도 엄마가 나를 봐 주질 않네?' 하고 깨닫는 순간 대부분의 아이들은 먼저 지쳐서 떼쓰는 행동을 멈추게 됩니다. 그러고

나면 다음에 가지고 싶은 게 생겨도 울면서 떼를 쓰는 것이 아니라 “장난감이 사고 싶어”라고 말로 표현할 것입니다.

그리고 외출 전 미리 규칙을 이야기하세요. 밖에 나가기 전에 아이에게 어디를 가며 무엇을 할 것인지 이야기해 주어야 합니다. 만약 쇼핑센터에 간다면 약속하지 않은 물건을 사 달라고 하면 안 된다는 것과 사 달라고 떼를 써도 사 주지 않는다는 것을 이야기해 주세요. 그럼에도 불구하고 계속 떼를 쓴다면 곧바로 집으로 돌아올 것이라고도 일러 주시고요.

일단 그렇게 약속을 정했으면 부모도 그 약속을 꼭 지켜야 합니다. 어떤 날은 떼를 쓴다고 들어주고, 어떤 날은 들어주지 않으면 아이는 소유욕을 올바르게 조절할 수 없을뿐더러 원하는 것을 다 가질 수 없다는 기본 원칙도 배울 수 없습니다.

키워드는 소비 유혹 조절!

아이가 좋아할 만한 물건이 잔뜩 널려 있는 곳에 가서 장난감 하나 사 주지 않는다면 아이에게 너무 인색한 행동입니다. 아무것도 사 주지 않겠다면 차라리 애초에 가지 말 것을 권합니다. 가능하면 외출 시간을 줄이거나, 소비 유혹이 적은 자연으로 나가는 것도 좋은 방법일 것입니다. 광고도 아이의 소비 욕구를 부추기는 원인이 되므로 요령껏 피해 주세요.

하지만 살 것을 너무 제한하면 아이의 소유욕은 더욱 커지게 마련입니다. ‘우리 부모는 절대 사 주지 않는다’는 생각이 굳어지면 남의 물건을 훔칠 수도 있고, 돈이 생기면 당장 쓰는 충동적인 성향을 갖게 될 수도 있습니다. 아이가 간절히 원한다면 사 주는 대신 다른 의무를 지우는 식으로 타협에 타협을 거듭하세요.

화가 나면 울고불고 난리가 나요

아이가 소리를 지르고 울며 뒤로 넘어갈 때만큼 난감한 경우가 없습니다. 조금만 자기 뜻대로 안 되어도 화를 내고 닥치는 대로 차고, 집어 던지고, 고래고래 소리를 지르면 정말 당혹스럽지요.

더구나 그곳이 공공장소라면 어떻겠어요? 난리를 치는 아이와 그런 아이를 컨트롤하지 못하는 부모, 그런 부모와 아이를 째려보는 시선들. 생각만 해도 끔찍하지 않나요? 정도가 심한 아이는 갑자기 1~2분 동안 호흡을 멈춰 얼굴이 새하얗게 질리기도 합니다.

운동경기를 할 때 전략을 세우듯, 아이의 돌발 행동에도 전략적인 대처가 필요합니다. 좋은 전략은 순간의 위기를 넘기게 하고, 아이의 정서 발달에도 큰 도움이 됩니다.

* 떼를 쓰다 기절해서 병원에 실려 가도 정상

첫 돌이 넘어서부터 아이는 자신의 행동에 대해 "안 돼" 하고 이야기하면 뒤로 넘어갑니다. 저희 경모도 그랬습니다. 워낙 까다롭고 예민했던 경모는 다른 아이라면 그냥 넘어갔을 사소한 일에도 울고불고 난리를 피우다가 급기야 손가락을 입에 넣고 마구 토해 저를 난감하게 했지요. 형제는 용감했다고 둘째 정모는 그럴 때마다 물건을 던지며 울어 댔고요.

두 돌이 되면 아이들의 생떼는 정점에 이르게 됩니다. 원하는 것을 못 하게 하면 끝장을 보겠다는 듯 분노를 표출하지요. 심지어는 떼를 쓰다가 기절해서 응급실에 실려 오는 아이도 있습니다. 이를 의학적인 용어로 '감정 격분 행동(Temper Tantrum)'이라고 하는데, 어쩌다 한두 번 이런 행동을 보이는 것은 정상이라고 할 수 있습니다.

감정 격분 행동은 아이의 감정 조절 능력이 인지능력을 따라가지 못해 나타나는 증상으로, 보통 '안 돼'라는 말을 이해하는 돌 전후에 나타나 두 돌까지 이어집니다. 이때 아이마다 극도의 분노를 표현하는 방법이 다릅니다. 물건 던지기, 침 뱉기, 길바닥에 드러눕기, 아무나 꼬집어 뜯거나 때리기 등이 그 예입니다.

이러한 문제 행동들은 대개 아이 스스로 감정을 조절하지 못해 나타납니다. 즉, 부모가 자신의 요구를 다 들어주었던 시절로 돌아

가고 싶은 욕구, 하고 싶은데 자기 능력으로는 할 수가 없는 것에 대한 좌절, 왜 부모가 자기 말을 들어주지 않는지를 몰라서 생기는 분노 등, 부정적인 감정을 풀 수가 없어서 생기는 것이지요. 이런 행동은 어느 정도 자기 조절이 되기 시작하는 36개월 이후에는 상당 부분 좋아집니다.

* 기질상 감정을 격하게 표현하는 아이들

엄마의 '안 돼'라는 말에 눈물을 글썽이는 아이가 있는가 하면 크게 울며 뒤로 넘어가는 아이들도 있지요. 사람의 감정을 1부터 10까지 나타낸다고 했을 때, 1만큼 표현하는 아이들이 있는가 하면 10 정도로 강하게 표현하는 아이들이 있다는 것입니다. 특히 까다롭고 예민한 기질의 아이들일수록 감정을 격하게 표현하는 경우가 많습니다.

감정을 작게 표현하든 격하게 표현하든 아직 감정 조절이 안 되는 이 시기 아이들에게는 모두 정상적인 현상입니다. 하지만 아이가 감정을 격하게 표현하면 부모는 어떻게 해야 할지 몰라 난감한 것이 사실입니다. 이런 아이들은 스스로 분노를 가라앉힐 때까지 기다려 주어야 합니다. 난리를 치는 동안 다치지 않게 주변에 위험한 물건을 치우고 가만히 지켜보는 것밖에는 방법이 없습니다. 아이들도 몇 번 난리치다 보면 그런 행동을 해서는 안 된다는 것을 알고 스스로 감정을 조절하게 됩니다.

* 부모가 문제일 수도 있습니다

감정 격분 행동은 부모의 양육 태도에 영향을 많이 받습니다. 기질상 감정을 격하게 표현하는 아이라고 해도, 부모가 아이의 기질을 잘 알고 될 수 있으면 분노 상황을 만들지 않거나 분노를 표현할 때 그 감정을 잘 다스릴 수 있도록 조절해 주면 큰 문제없이 성장하게 됩니다.

만일 부모가 아이의 요구에 잘 반응해 주지 않는다면 두 돌 이후에도 감정 격분 행동이 계속 나타나게 됩니다. 구체적으로 살펴보면 다음과 같습니다.

① 부모가 아이에게 올바른 행동을 가르칠 때 일관성이 없는 경우
② 아이의 잘못을 일일이 지적하며 야단친 경우
③ 아이가 화났을 때 전혀 표출하지 못하도록 억제한 경우
④ 아이가 너무 피로하거나 배가 고픈데도 돌봐 주지 않는 경우
⑤ 그동안 아이가 몸이 아팠거나 다양한 이유로 감정 격분 행동을 한 번도 하지 못한 경우

감정 격분 행동이 정상적인 발달 과정에서 나타나긴 하지만 자기 뜻대로 되지 않을 때마다 격한 행동을 한다면 습관으로 굳어질 수 있으므로 바로잡아야 합니다. 그리고 아이가 두 돌이 넘으면 좀 더 단호한 태도로, 분노를 적절히 표출하는 방법을 아이에게 가르쳐야 합니다.

아이도 어른과 마찬가지로 분노나 슬픔, 싫어함과 같은 부정적 감정을 느끼는데, 이런 감정을 잘 다스리지 못하면 아무 일에나 화를 내고, 폭력적인 행동을 할 수 있습니다. 이 중에서 분노는 내가 원하고 기대하는 것이 이루어지지 않았을 때 바깥으로 공격성이 드러나는 것을 말합니다. 분노를 적절하게 표출하면 마음에 쌓인 스트레스를 풀 수 있고, 다른 사람에게 자신의 의사를 전달할 수 있습니다. 문제는 분노의 감정을 어떻게 적절하게 표현하느냐는 것이지요.

* 절대로 아이의 감정에 휘말리지 마세요

아이가 감정 격분 행동을 보일 때 가장 중요한 것은 부모의 의연한 태도입니다. 대부분의 부모들은 아이가 괜한 고집을 부리며 큰 소리로 울어 댈 때 화가 난다고 이야기합니다. 그래서 아이보다 더 큰 목소리로 화를 내며 아이의 행동을 제재하려 하고, 심지어는 때리기도 합니다. 그러고 나면 후회의 눈물이 흐르지요.

그 어떤 상황에서도 부모가 감정적으로 흔들려 아이에게 화를 내서는 안 됩니다. 제가 이렇게 얘기를 하면 어떤 엄마들은 또 다시 반문합니다.

"화가 나는 것도 조절이 가능해요? 화는 그냥 생기는 거 아닌가요? 화를 참는 것은 알겠는데 처음부터 화가 안 날 수가 있나요?"

가능합니다. 감정 격분 행동이 왜 나타나는지 제대로 이해하면 화가 나지 않습니다. 아이가 왜 그런 행동을 보이는지 먼저 생각해 보세요. 그러면 화가 나지 않고 그 행동을 멈추게 할 방법을 찾게 됩니다. 아이의 행동에 화부터 내는 것은 어디까지나 무지에서 나오는 행동이라고밖에 할 수 없습니다.

첫 번째 원칙은 이렇습니다. 아무리 달래도 아이가 행동을 멈추지 않는다면 의연한 태도로 기다리세요. 그렇다고 아이 혼자만 남겨 두고 멀리 떨어져 있어서는 안 됩니다. 부모가 눈에 보이지 않으면 불안감 때문에 감정 격분 행동이 더 심해질 수 있고, 아이가 가구나 벽에 부딪쳐 상처를 입을 수 있으므로 아이가 엄마를 볼 수 있는 곳에서 지켜보도록 하세요.

이때 아이의 행동을 멈추게 하기 위해 아이의 요구를 들어주는 것은 금물입니다. 분노할 때마다 요구를 들어주는 것이 습관이 되면 아이들은 시도 때도 없이 뒤로 넘어갑니다. 그것이 부모를 조종하는 가장 강력한 무기라는 것을 알아 버렸기 때문이지요.

* 난리를 친 흔적은 아이가 직접 치우게

저는 경모가 토하며 난리를 칠 때 아이의 감정이 가라앉을 때까지 기다렸다가 아이에게 토한 자리를 치우게 했습니다. 물론 제가 옆에서 도와주었지요. 아이가 물건을 던졌다면 제자리에 갖다 놓게 하고, 얼굴이 더러워졌다면 스스로 씻게 하세요. 그래야 아이도 난리를 치면 자기가 더 힘들다는 것을 알게 됩니다. 또한 부모에 대한 쓸데없는 죄책감도 갖지 않게 되지요.

자기가 어지럽힌 것을 부모가 치운다면 아이가 아무리 어리더라도 미안한 마음을 갖게 마련이지요. 어떤 형태든 아이의 마음에 죄책감이 남는 것은 좋지 않습니다. 죄책감은 아이로 하여금 부정적인 자아상을 만들게 합니다. 그러므로 아이가 만든 사고는 아이 스스로 수습하게 함으로써 아이 안에 남아 있는 죄책감을 없애 주세요.

* 말로 표현하는 연습을 시키세요

아이의 감정이 가라앉았다면 그 후 마무리를 잘 해야 합니다. 아이의 과격한 행동이 사그라졌다고 안심하고 넘어갈 것이 아니라, 화난 감정을 말로 표현하는 방법을 알려 주도록 하세요.

"나 화났어", "기분이 나빠", "엄마 미워"라는 말로도 충분히 부모에게 감정을 전달할 수 있다는 것을 깨닫게 해 주라는 말입니다. 굳이 과격한 행동을 보이지 않아도 엄마가 충분히 자기 마음을 헤아린다는 것을 깨달으면, 아이 스스로 행동을 교정해 갈 수 있습니다. 더불어 화가 난 이유까지도 이야기하게 하면 좋습니다. 아이가 화난 이유를 말하면 우선은 그 감정을 부모가 이해한다는 것을 충분히 알려 주세요.

"엄마가 사탕을 주지 않아서 화가 났구나. 사탕을 먹고 싶은데 못 먹어서 정말 속상했겠다."

이렇게 아이의 감정을 일단 이해해 준 다음, 세상의 모든 일이 항상 자기 뜻대로 되지는 않는다는 이야기를 해 줍니다. 이것은 아이의 감정을 조절하는 데 있어 무척 중요한 역할을 합니다. 아이도 인격체입니다. 왜 안 되는지 알면 과격한 행동을 안 하게 됩니다.

"사탕을 너무 많이 먹으면 이에 까만 벌레가 생기고, 그러면 병원에 가서 주사를 맞고 뽑아야 해"라고 아이의 수준에 맞춰 논리 정연하게 이야기하면 대부분의 아이들이 수긍을 하지요. 그런 다음 화가 났을 경우 해야 될 행동과 하지 말아야 할 행동을 꼭 이야기해 주세요.

"화가 났을 때는 울고 소리치는 게 아니야. 왜 화났는지, 어떻게 하면 좋은지 엄마에게 이야기해야 해. 그래야 엄마가 도와줄 수 있거든. 아무리 화가 나도 물건을 던지고, 다른 사람을 때려서는 안 돼. 누가 너한테 그런다고 생각해 봐. 그때 네 기분이 어떻겠니?"

물론 이 과정이 한 번에 물 흐르듯이 이루어지지는 않을 것입니다. 이 시기 아이들에게는 수십 번, 아니 수천 번의 반복이 필요하지요. 하지만 이런 과정을 통해 아이는 분노는 말로 표현할 수 있는 감정이고, 표현하고 나면 풀린다는 것을 알게 됩니다.

이것만은 꼭 기억하세요! Tip

1. 감정 격분 행동은 정상적인 발달 과정에서 보이는 행동입니다.
2. 기질상 감정을 격하게 표현하는 아이들에게서 많이 나타납니다.
3. 두 돌 이전까지는 정상이고 두 돌 이후에 자주 감정 격분 행동을 보이면 올바른 감정 표현 방법을 가르쳐야 합니다.
4. 감정 격분 행동을 보일 때는 가만히 놔둬서 스스로 분노를 가라앉히게 합니다.
5. 아이의 분노가 가라앉은 후 차분하게 대화하세요.

한 가지 물건에 대한 집착이 너무 심해요

아이들은 가지고 놀던 인형이나 베개, 이불 등 특정한 물건에 심한 집착을 보일 때가 있습니다. 여행 때마다 아이 이불을 챙겨야 한다는 엄마도 있고 잠시 외출할 때도 아이 장난감을 꼭 가져가야 한다는 엄마도 있습니다. 아이가 낡고 더러운 물건에 집착하는 모습을 보면 엄마는 걱정이 되지 않을 수 없지요. 그래서 빨래라도 할라치면 아이가 울고불고 난리를 치는 통에 포기하기 일쑤입니다.

하지만 이것은 두 발로 서고 걸음마를 해야 걸을 수 있는 것처럼, 아이가 세상으로 나가기 위해 거치게 되는 필연적인 발달 과정입니다. 그것을 문제 삼아 고치려 들면 그것이 오히려 병이 될 수 있습니다.

* 아이가 독립하는 과정에서 나타나는 모습

한 엄마가 장난감 기차에 집착하는 다섯 살 난 아들 때문에 고민이라며 병원을 찾아왔습니다. 아이는 매일 장난감 기차만 가지고 놀고, 친구들이 놀러 와서 그 기차를 건드리기라도 하면 그 친구를 때리기까지 한다고 합니다.

"외출할 때마다 장난감 기차를 꼭 챙겨야 해요. 깜빡 잊고 안 가져가면 울며불며 떼를 써서 다시 집으로 돌아가야 해요. 아이에게 무슨 문제가 있어서 그런 건가요?"

장난감 말고 이불에 집착하는 아이들도 있습니다. 한 엄마는 아이가 여섯 살이 되어서도 아기 때 덮고 자던 이불이 있어야 잠이 들고, 아무리 이불이 더러워도 빨래를 할 수 없을 정도로 손에서 이불을 놓지 않아 아이와 늘 실랑이를 해야 한다고도 하더군요. 아이가 한 가지 물건에 집착할 경우 부모는 혹시 편집증 같은 정신적인 문제가 있는 건 아닌지 걱정이 됩니다.

결론부터 말하자면 기차, 인형, 이불 등 한 가지 물건에 집착하는 모습은 특정 몇몇 아이에게서만 보이는 현상이 아닙니다. 대부분의 아이들에게서 보이는 것으로, 아이가 엄마로부터 독립하는 한 과정입니다.

생후 초기의 아이들은 생존을 위해 엄마에게 절대적으로 의존합니다. 또한 엄마와 자신을 하나로 여깁니다. 그래서 엄마가 기뻐하면 아이도 기뻐하고, 엄마가 우울해하면 아이도 우울해합니다. 그러다 기고 걷게 되면서 심리적으로 엄마로부터 독립하게 되는데, 그때 엄마 대신 특정한 물건에 집착하게 되는 것입니다. 따라서 어느 정도 시기가 지나면 이러한 행동은 자연스럽게 사라집니다.

* 애착 관계가 불안할 때도 나타납니다

어떤 아이들은 물건에 집착하는 정도가 미약해서 언제 그런 일이 있었나 싶게 넘어가기도 합니다. 반면 정도가 심해 5~6세까지 가는 아이들도 있습니다. 이때는 부모와 애착 관계가 잘 형성되어 있는지 살펴보아야 합니다.

집착은 애착 행동의 하나로, 부모와 애착 관계가 원활하게 이루어지지 않을 때 한 물건에 병적일 만큼 집착하게 됩니다. 부모와 헤어지게 되거나 부모에 대한 믿음이 약해지면 그 강도가 더 세집니다. 집착의 정도가 심할 때에는 아이가 이런 상황에 의해 스트레스를 받았다는 것을 의미하므로 전문의와 상담을 해 보는 것이 좋습니다.

아이가 한 가지 물건에 집착할 때는 우선 그 집착을 인정해 줘야 합니다. 아이가 집착하는 모습이 보기 싫다고 물건을 뺏거나 감추면 아이의 마음에 상처가 될 수 있습니다. 아이는 자신이 집착하는 대상과 자기를 동일시하기도 하므로 오히려 아이가 집착하는 물건을 어떻게 대하는지 잘 관찰하면 아이의 마음을 들여다볼 수 있습니다.

"이 기차는 어디로 가는 거야? 기차 안에는 누가 타고 있어? 엄마와 이런 기차 한번 타 볼까?"

"이 이불을 만지고 있으면 기분이 좋아지니? 엄마도 한번 해 볼까?"

이렇게 이야기하면서 아이가 그 물건에 어떤 태도를 보이는지 살펴보세요.

그리고 아이와 함께 그 물건을 가지고 놀아 주세요. 인형에 이불을 덮어 주며 논다거나, 장난감 기차를 가지고 경주를 하는 등 아이에게 집착 대상과 혼자 노는 것보다 부모와 같이 노는 게 더 재미있음을 알려 주는 것입니다. 부모와 함께 놀다 보면 물건에 대한 집착이 조금씩 사라지게 됩니다.

그리고 아이와 자주 스킨십을 나누세요. 부모의 사랑을 충분히 받은 아이들은 물건에 대한 집착이 심하지 않습니다. 아이가 사랑을 받고 있다는 확신이 들도록 자주 안아 주고 사랑한다고 이야기해 주세요. 그러면 아이는 물건에 집착하는 것보다 엄마와 교감하는 것이 더 좋다고 느끼면서 서서히 물건에 대한 관심을 줄이게 됩니다.

* 집착을 없애 주는 놀이 심리 치료

한 가지 물건에 집착이 너무 심한 아이들은 전문의의 상담을 거쳐 적절한 치료를 받아야 합니다. 대표적인 방법이 놀이 심리 치료인데요, 놀이 심리 치료에서는 갓난아이 때로 돌아가서 엄마와 했던 놀이를 재현하게 합니다. 엄마가 아이 앞에 앉아 수건으로 얼굴을 가리고 있다 내리면서 '까꿍' 하는 놀이나 곤지곤지, 죔죔 등 아기 때 누구나 다 했을 놀이를 다시 해 보면서 엄마와의 애착을 유도하는 것입니다. 이런 놀이 심리 치료를 통해 아이는 부족했던 엄마와의 애착을 다시 만들어 가고, 그러는 동안 물건에 대한 집착도 서서히 내려놓게 됩니다.

혹시 우리 아이가 ADHD는 아닐까요?

육아 관련 정보가 넘쳐 나면서 아이가 조금만 산만한 행동을 보여도 ADHD(Attention Deficit Hyperactivity Disorder : 주의력결핍 과잉행동장애)가 아닐까 의심하는 부모들이 많습니다. 실제로 병원을 찾아 "선생님, 저희 아이가 ADHD인 것 같아요"라고 구체적인 병명을 이야기하며 확인을 요청하기도 하지요.

10년 전만 하더라도 아이의 산만함은 병으로 인식되지 않았습니다. 크면 나아진다며 내버려 두곤 했지요. 하지만 지나치게 산만한 아이를 그대로 방치하면 성인이 되어서까지 문제가 나타나 사회생활에 지장을 받기도 합니다. 따라서 그런 아이의 경우 시간이 지나 저절로 좋아지기를 기다리지 말고, 병으로 인식해서 조기에 적절한 치료를 받게 해야 합니다.

* ADHD, 조기 발견이 가장 중요합니다

미국 소아과 학회의 통계에 따르면 학령기 전후 아이들의 약 3~6퍼센트가 이 질병에 걸린다고 합니다. 발병률은 성별에 따라 다르게 나타나는데 여자아이보다 남자아이의 발병률이 약 4배 정도 높습니다. 우리나라의 경우 발병률이 5.9~7.6퍼센트로 소아 정신과 질환 중 가장 높게 나타났습니다.

또한 환자의 절반 정도는 만 4세 이전에 ADHD 증상을 보이거나 걸리지만, 병이 발견되는 시점은 대부분 유치원이나 초등학교에 입학한 뒤라고 합니다. 자칫 만성 장애로 발전할 수도 있고, 평균 30퍼센트 정도가 성인이 되어서까지 ADHD 증상을 보이고 있습니다. 따라서 유난히 산만한 아이라면 ADHD인지 아닌지 반드시 짚고 넘어가는 것이 좋습니다.

어느 날 한 엄마가 네 돌이 다가오는 남자아이의 손을 잡고 진료실에 들어섰습니다. 그 아이는 제가 이름을 부르고 말을 거는데도 제대로 대답하지 않았고 엄마와 상담하는 내내 손과 발을 부산스럽게 움직이더군요.

"어렸을 때부터 워낙 활동적인 아이였어요. 그런데 어린이집 선생님이 수업 중에 돌아다니고 선생님 말씀을 귀담아듣지 않는다고 하시더라고요. 또 친구들과 다툼이 있을 때 충동적으로 행동해서 선생님이 깜짝 놀라기도 하셨대요."

그 아이를 데리고 주의력, 인지, 지능, 정서, 행동 등 여러 가지 검사를 해 본 뒤 ADHD 진단을 내렸지요. 검사 결과를 들은 아이 엄마는 왈칵 눈물을 쏟았습니다. 아이에게 병이 있는 줄 모르고 그동안 소리치고 때렸다면서요. 이처럼 ADHD를 일찍 발견하지 못하면 아이를 버릇없는 아이, 산만한 아이로 치부하고 다그치기 쉬워, 아이가 반항적인 성격을 기르게 되는 경우가 많습니다. 그러니 조기 발견이 중요한 것이지요.

* 아이가 아니라 아이의 뇌에 문제가 있는 것입니다

ADHD를 앓고 있는 아이를 둔 부모는 위의 예에서처럼 소리치고 때리면서 아이의 행동을 바꾸고자 애를 씁니다. 그러면서 "아무리 이야기를 해도 도무지 듣지를 않는다"며 하소연을 하지요. 그래서 아이에게 끊임없이 잔소리를 하고, 아이는 전혀 듣지 않고, 그런 아이에게 또 잔소리를 하는 악순환이 반복되는 것입니다.

그런데 한번 생각을 바꾸어서 ADHD를 폐렴과 같은 질병이라고 생각해 보세요. 폐렴이 아이를 다그친다고 해서 낫는 질병인가요? 폐렴을 고치려면 푹 쉬면서 약물을 통해 폐의 염증을 없애야 합니다. ADHD와 같은 정신 질환도 마찬가지입니다.

ADHD의 원인에 대해서는 신경화학적 요인이나 환경적 요인 등에 관한 여러 가지 이론이 있으나, 그중에서 아이의 뇌에서 그 원인을 찾는 이론이 신빙성을 얻고 있습니다. 즉 뇌의 기능에 문제가 생겨 주의력결핍과 과잉행동이 나타난다는 것이지요. 실제 평균적으로 ADHD 아동의 전두엽은 정상아에 비해 10퍼센트 작고, 대뇌 전상부와 전하부의 크기도 10퍼센트 작습니다. 그러므로 ADHD 역시 폐렴과 마찬가지로 정확한 진단을 통해 치료해야 합니다.

ADHD 자녀를 둔 부모들은 "내 잘못으로 우리 아이가 ADHD에 걸렸다"라며 죄책감을 갖기도 합니다. 좋은 환경을 만들어 주지 못해서, 혹은 유전적인 영향으로 아이가 ADHD를 앓게 되었다고 생각하는 것이지요. 하지만 지금까지의 연구 결과, 임신했을 때 임산부의 영양부족, 흡연, 과도한 스트레스, 조산이나 난산이 뇌 손상을 유발할 수는 있지만 이런 환경적 요인이 단독으로 ADHD를 야기하는 것은 아니라고 밝혀졌습니다.

또한 유전적 영향 역시 ADHD 아동의 부모나 형제 중 30퍼센트에서 주의력결핍 문제가 있는 것으로 나타났지만, ADHD가 어떤 독자적인 유전 문제로 발생된다고 밝혀진 바는 없습니다. 그러니 아이에게서 이런 질병이 나타났다고 죄책감을 갖지는 마세요. ADHD를 다른 육체적 질병과 마찬가지로 여기고 객관적인 입장에서 치료에 임하라고 말하고 싶습니다. 부모가 죄책감을 갖는 것은 아이 치료에 하나도 도움이 되지 않습니다.

* 연령에 따른 ADHD의 전개 과정

ADHD의 증상은 크게 주의력결핍과 과잉행동, 충동성으로 나타납니다. 먼저 주의력결핍에 대해 말해 보겠습니다. 주의력은 여러 기술이 요구되는 복잡한 능력입니다. 아이들이 교실에서 선생님의 말에 집중하기 위해서는 수많은 유혹을 물리쳐야 합니다. 교실 밖의 풍경, 교실 주변에 있는 그림이나 교재와 교구, 친구들이 움직이는 소리 등 주의를 분산시키는 것들에 신경을 꺼야 하지요. 하지만 ADHD 아이들은 이런 과정이 무척 힘이 듭니다.

과잉행동은 허락 없이 자리에서 일어나고 뛰어다니며 손과 발을 끊임없이 움직이는 것으로, 공공장소에서건 집에서건 상관없이 나타납니다. 또한 정서적인 측면에서는 자극에 대해 생각 없이 행동하는 충동성이 나타나기도 합니다. 이러한 행동 특성 때문에 ADHD 아이들은 다른 아이들과 원만한 관계를 맺기 힘들고, 유치원이나 학교 등 집단생활에 적응하는 데도 어려움을 보입니다.

또한 ADHD는 연령에 따라 행동 특성이 다르게 나타납니다. 3세 이전 유아기 때는 아이의 기질과 ADHD의 구분이 어렵지만 학령기 전후로 ADHD가 의심되는 경우, 유아기의 모습을 유추해 보면 진단에 도움이 됩니다. ADHD 소인이 있는 아이들은 유아 시절부터 잠을 아주 적게 자거나 자더라도 자주 깨고, 손가락을 심하게 빨거나 머리를 박고 몸을 앞뒤로 흔드는 행동을 많이 합니다. 기어

다닐 때에도 끊임없이 이리저리 헤집고 다니고, 전반적으로 활동적인 모습을 보입니다.

3~5세가 되면 집중력이 부족하고 상당히 충동적인 모습을 보입니다. 또래 친구나 형제들과 자주 싸움을 하고, 특별한 이유가 없는데도 분노와 발작을 보이는 경우가 많습니다. 색칠하기, 그림 그리기 같은 활동을 완수하지 못하고, 무모한 행동으로 다치기도 합니다.

6~7세가 되어 유치원이나 학교에 들어가면 그전까지 용납되었던 행동들이 더 이상 허용되지 않기 때문에 이러한 행동들이 눈에 띄게 드러나고 ADHD 아이들의 문제가 부각됩니다. 그래서 초등학교 입학 후 한두 달이 지나 병원을 찾는 아이들이 가장 많아요. 교실에서 제자리에 가만히 있지 못하고 수업 시간에 일어나서 돌아다니거나, 집중 시간이 짧아 주어진 과제를 시간 안에 끝내지 못하고, 충동성으로 인해 품행에도 여러 가지 문제가 나타나기 시작합니다.

* 활동적이고 외향적이라고 모두 ADHD는 아니에요

하지만 아이가 너무 활동적이라고 해서 모두 ADHD는 아닙니다. ADHD를 지나치게 걱정하는 부모들은 그 나이 또래에 흔히 보이는 호기심 어린 행동이나 활동적인 모습을 보고도 가슴이 철렁하는 경우가 많은데, 그러지 않아도 됩니다. 특히나 남자아이를 키우고 있는 엄마들은 남자아이의 특성을 제대로 이해하지 못한 나머지, 아이가 조금만 말썽을 피워도 ADHD가 아닐까 걱정을 합니다. 이런 잘못된 시각을 가지고 아이를 바라보면 ADHD 체크리스트의 많은 부분이 내 아이에게 해당하는 것 같기도 하지요.

세상을 바라보는 아이들의 머릿속에는 물음표가 가득합니다. 저것은 무엇이고, 왜 그렇게 되는지 신기하고, 이상하고, 알고 싶은 것들로 넘쳐 납니다. 그래서 무엇이든 직접 만져 보려고 하고, 끊임없이 조잘거리며 질문을 합니다. 이런 특성은 남자아이, 그중에서도 활동적이고 외향적인 아이들에게서 많이 나타납니다.

아들 둘을 키우고 있는 한 엄마는 아이들과 식당에 갈 때마다 아이들이 무슨 사고를 치지 않을지 겁부터 난다고 하더군요. 잠깐 한눈을 팔면 여기저기 돌아다니며 가스레인지를 건드리기도 하고, 옆자리 손님에게 장난을 치고, 심지어는 주방까지 예사로 드나든다고 합니다. 새로운 장소를 갈 때마다 그런 일이 반복되다 보니 아이에게 무슨 문제가 있는 것이 아니냐며 병원을 찾아온 것이지요. 그 엄마에게 이렇게 물어보았습니다.

"아이들에게 왜 그렇게 행동하면 안 되는지 알려 주셨나요?"

이 질문에 그 엄마는 왜 안 되는지는 스스로 알 것 같아 무조건 하지 말라고 야단을 쳤다고 하더군요. 그래서 이렇게 이야기해 주었지요.

"아이들에게 식당에서 그렇게 하면 왜 안 되는지 알려 주면서 호기심을 해결해 주면 아이들의 행동이 달라질 거예요. 활동적인 아이들의 경우 자기가 호기심을 가지고 하려는 일을 엄마가 하지 말라고 하면, 그 호기심을 억누를 수 없어 어떻게든 해결하려 하거든요. 하지만 무조건 아이의 호기심을 억누르면 아이는 더 이상 주변에 대한 관심을 갖지 않게 된답니다."

그런데 만일 엄마의 노력에도 불구하고 아이가 같은 행동을 반복하고, 산만한 행동이 6개월 이상 관찰된다면 ADHD 검사를 해 보는 것이 좋습니다. 아이 행동의 원인이 호기심 때문인지 아니면 뇌의 문제 때문인지 판단해 봐야 하는 것이지요.

단순히 산만한 아이는 주의를 집중해서 활동해야 할 때는 또래 아이와 비슷한 수준의 집중력을 보이고, 자기가 흥미를 갖는 부분에 대해서는 어른 수준의 집중력을 보이기도 합니다. 그러니 아이의 모습을 잘 관찰해 보기를 바랍니다.

* ADHD 치료, 사랑이 최고의 명약입니다

ADHD 검사는 소아 정신과나 신경정신과, 아동 심리 센터 등에서 받을 수 있습니다. 검사 비용은 기관마다 다르지만 대략 40~60

ADHD 체크리스트 Tip

●주의력결핍 진단 기준

1. 수업이나 다른 활동을 할 때 부주의해서 실수를 많이 한다. ☐
2. 과제나 놀이를 할 때 지속적으로 주의를 집중하기 어렵다. ☐
3. 다른 사람이 앞에서 이야기할 때 귀를 기울이지 않는다. ☐
4. 어른의 지시에 따라 자신이 해야 할 일을 마치지 못한다. ☐
5. 계획을 세워 체계적으로 활동을 하는 것이 어렵다. ☐
6. 지속적으로 정신 집중을 필요로 하는 일을 꺼린다. ☐
7. 물건을 자주 잃어버린다. ☐
8. 외부 자극에 쉽게 정신을 빼앗긴다. ☐
9. 일상적으로 해야 할 일을 자주 잊어버린다. ☐

●과잉행동장애 진단 기준

1. 손발을 가만히 두지 못하고 계속 꼼지락거린다. ☐
2. 제자리에 있어야 하는 상황에서 마음대로 자리를 뜬다. ☐
3. 상황에 맞지 않게 과도하게 뛰어다닌다. ☐
4. 조용히 하는 놀이나 오락에 참여하지 못한다. ☐
5. 끊임없이 움직인다. ☐
6. 지나치게 말을 많이 한다. ☐
7. 질문을 끝까지 듣지 않고 대답한다. ☐
8. 자기 순서를 기다리지 못한다. ☐
9. 다른 사람을 방해하고 간섭한다. ☐

●평가

주의력결핍과 과잉행동장애 진단 기준에서 9개의 증상 중 6개 이상이 6개월 이상 나타날 경우 ADHD를 의심해 볼 수 있습니다.

만 원 정도입니다. ADHD라는 진단을 받으면 약물 치료, 놀이 심리 치료, 부모 교육 등을 하며 부모와 지속적인 상담을 하게 됩니다.

이때부터 부모의 역할이 중요합니다. 어떤 소아 질병도 마찬가지이지만 부모가 지치면 치료를 계속할 수 없을뿐더러 효과도 기대할 수 없습니다. ADHD는 치료를 잘 받으면 1~2년 안에 상당히 호전되는 질병이므로 전문의와 지속적인 상담을 통해 꾸준히 치료를 하는 것이 중요합니다.

약물 치료의 경우 메틸페니데이트라는 약을 사용하는데, 이는 각성제의 일종으로 집중력을 높여 주는 역할을 합니다. 일부 엄마들 사이에 '머리 좋아지는 약'이라고 알려져 있어 정상적인 아이들도 복용하는 경우가 있는데, 집중력 증진 효과가 전혀 없고 오히려 부작용만 나타나므로 주의해야 합니다. 또한 정량을 넘으면 다른 것에는 관심을 보이지 않거나 불면증, 식욕 감퇴 등의 부작용이 생기므로 전문의의 처방을 받아 정량을 복용해야 합니다. 일부 부모님들의 경우 아이에게 정신과 약을 먹이는 것이 싫어서 놀이 심리 치료 등 비약물 치료만 고집하는 경우가 있는데, 이는 옳지 않습니다. 약물 치료를 놀이 심리 치료와 병행해야 치료 효과가 높고 또 단시간에 증상이 좋아져 약물을 끊게 됩니다.

하지만 무엇보다 치료 효과를 좌우하는 것은 부모의 사랑입니다. 부모가 병에 대해 제대로 알고 아이를 배려해 주고 사랑으로 대하면 아이는 조금씩 달라진 모습을 보입니다. ADHD는 힘든 병입니다. 병원 갈 때마다 드는 돈도 만만치 않고, 치료 효과도 바로 나타나지 않습니다. 하지만 부모가 인내심을 가지고 사랑으로 아이를 대하면 아이는 아주 작은 변화라도 부모의 사랑에 답을 합니다.

ADHD 치료 사례 Tip

초등학교 2학년 민성이는 유치원 때부터 산만하다는 이야기를 많이 들었습니다. 한시도 가만히 있지 않고 손과 발을 움직이고 유치원 수업에 집중을 하지 못해 선생님에게도 지적을 많이 받았지요. 민성이 엄마는 어려서 그러는 거려니 하며 무심히 넘겼는데 학교에 들어가자 민성이의 행동이 더 심해졌습니다.

화가 나면 과격한 행동을 하고 악을 쓰며 울었습니다. 민성이 엄마는 아무래도 안 되겠다 싶어 병원을 찾았는데 ADHD라는 진단을 받았습니다. 병원의 지시대로 약을 복용하니 아이의 산만한 행동은 금방 사라졌습니다. 그런데 반대로 한 가지에만 몰입하는 증상이 나타났습니다. 주변에 어떤 상황이 벌어져도 민성이는 하고 있던 놀이나 책 읽기에만 집중했습니다. 그러다가도 12시간 지속되는 약 기운이 떨어지면 또다시 산만한 행동이 나타났지요.

상담 끝에 약을 줄이니 한 가지에 집중하는 증상이 조금은 나아졌습니다. 하지만 민성이 엄마는 약물에만 의존해서는 안 되겠다는 생각에 민성이 치료에 적극적으로 뛰어들었습니다. 약도 먹이고, 병원에서 배운 놀이 심리 치료법을 집에서도 해 주면서 민성이와 많은 시간을 보냈고, 더 많이 사랑해 주고 더 많이 칭찬을 해 주었습니다. 엄마가 불안해하면 아이가 더 불안해할 거라는 생각에 엄마부터 마음을 편히 가지려고 애썼고, 어른이 이렇게 힘든데 아이는 얼마나 힘들까 생각하며 아이 입장에서 생각하려고 노력했습니다. 아이의 실수도 보듬어 주고, 아이에게 자신감을 심어 주기 위해 매일 "너는 훌륭한 사람이 될 거야"라고 이야기를 해 주었습니다. 그랬더니 아이가 조금씩 변화하기 시작했고, 그렇게 1년을 보내고 나니 민성이는 전혀 다른 아이가 되어 있었습니다. 이제는 약도 끊고 다른 친구들과 마찬가지로 즐겁게 학교에 다니고 있습니다.

Chapter 3

말

또래 아이들보다 말이 늦어요

3세 전후는 폭발적인 언어 발달을 보이는 시기로, 이때 아이가 또래보다 말이 늦다면 왜 그런지 꼭 따져 봐야 합니다. '크면 좋아지겠지', '늦되는 아이들이 더 잘된대' 등 막연한 생각으로 기다리기만 하는 엄마도 있는데, 제가 개인적으로 싫어하는 말이 바로 "애들은 원래 다 그래. 그냥 내버려 두면 나아질 거야" 하는 말입니다. 그런 생각으로 아이를 방치했는데 한두 해가 지나고도 상태가 나아지지 않으면 돌이킬 수 없는 상황에 이를 수도 있습니다. 특히 언어는 적정 시기에 제대로 발달을 이루지 못하면 말을 못하는 것으로 그치는 것이 아니라 사회성 발달이 잘 이루어지지 않는 등 여러 가지 문제가 연속적으로 발생하게 됩니다.

* 비언어적 의사소통이 잘되면 너무 걱정 안 해도 됩니다

한 엄마가 저를 찾아왔습니다. 돌이 한참 지났는데도 '엄마', '아빠' 소리만, 그것도 웅얼거리면서 내뱉는다며 문제가 있지 않은지 걱정을 했지요. 간단한 검사를 해 보고 엄마와 어떻게 노는지 관찰해 보니, 아이는 엄마의 몸짓이나 표정에 따라 싱글벙글 웃기도 하고 때로 눈살도 찌푸리면서 제 나름의 의사 표현을 하고 있었습니다. 저는 그 엄마에게 "아이는 별 문제없이 잘 크고 있으니 지금처럼 아이와 잘 놀아 주면서 아이가 어떤 반응을 보일 때마다 적극적으로 대응해 주세요" 하고 말해 주었습니다.

이렇듯 눈을 잘 맞추고, 다른 사람의 행동을 따라 하고, 손짓 발짓 등 비언어적 의사소통에 문제가 없다면 너무 큰 걱정을 할 필요가 없습니다. 말귀를 다 알아듣고 동작이나 표정 등으로는 의사 표현을 하는데, 말로는 표현하지 못하는 것뿐입니다. 이런 아이는 조금만 더 언어적 자극을 주고 기다려 주면 곧 말문이 트이게 됩니다. 앞에서 말한 '늦는 아이들'인 셈이지요. 그러니 아이가 비언어적으로 자신의 감정과 의지를 표현할 때, 거기에 적극적으로 대응해 주세요. 아이가 웃으면 "우리 ○○가 기분이 좋구나. 엄마랑 놀까?", 아이가 싫은 표정을 짓거나 투정을 부리면 "우리 ○○가 왜 기분이 안 좋을까?" 하며 아이의 감정에 대응해 주고, 적극적으로 의사소통을 하는 것이지요.

하지만 비언어적 의사소통에도 문제가 있다면 자폐증과 같은 발달 장애가 있을 수 있으므로 전문의를 찾아가 봐야 합니다.

* 지능이 낮으면 언어 발달이 늦습니다

저는 언어 발달 문제가 있는 아이가 병원에 오면 먼저 지능검사를 해 봅니다. 지능이 낮은 아이들은 언어 치료를 해도 큰 효과가 없기 때문이지요. 따라서 말이 늦는 아이는 언어 발달 뿐 아니라 신체 발달은 제대로 이루어지고 있는지, 놀이 수준이 다른 아이들과 비슷한지 살펴봐야 합니다. 이것들은 모두 지능과 밀접한 연관이 있어, 지능상의 문제를 파악하는 데 용이합니다. 예를 들어 3~4세 아이들은 가상의 세계를 꾸며 내 인형 놀이나 소꿉놀이를 즐기지만 지능이 낮은 아이들은 그런 놀이를 못 합니다. 매일 블록을 쌓고 뛰어다니는 등 감각 놀이만을 즐기지요. 그러니 아이가 이러한 모습을 보인다면 병원을 찾아 정확한 진단을 받기 바랍니다.

* 정서적 안정이 우선입니다

정서가 안정된 아이들이 언어 발달이 빠릅니다. 반대로 이야기하면 정서가 불안정한 아이들이 언어 발달이 늦다는 것이지요. 정서가 불안정한 아이들은 다른 사람의 말은 알아들어도, 좀처럼 자기표현을 하지 않는 경우가 많습니다. 기분이 좋을 때는 말을 많이 하고, 기분이 나쁠 때는 한마디도 하지 않는 등 언어 표현의 차이도 심하게 나타납니다.

얼마 전 36개월이 된 소심한 성격의 남자아이가 어린이집에 다니기 시작하면서 하던 말도 안 하게 되어 병원에 온 적이 있습니다. 당시 아이는 말은 한마디도 하지 않고, 겁에 질린 표정으로 엄마 옆에 붙어 있기만 했습니다. 그 시기의 남자아이라면 좀이 쑤셔 자리에 앉아 있지 못하고, 여기저기 들쑤시며 사고를 치는 것이 정상인데 말이지요.

원인이 무엇이었을까요? 아이가 너무 소심하고 약한 것이 걱정스러워 아주 어릴 때부터 어린이집에 보낸 것이 화근이었습니다. 엄마야 아이에게 도움이 될까 해서 그랬겠지만, 아이 입장에서는 마음의 준비가 전혀 되지 않은 상태에서 갑자기 엄마와 떨어지게 되었으니 얼마나 불안했겠습니까? 거기에 난생 처음 드센 친구들과 부대끼게 되니 아이의 불안이 더욱 커질 수밖에요. 결국 정서적인 불안이 너무 커진 나머지 아이는 마음의 문을 닫고 세상과의 소통을 거부했던 것이었습니다.

저는 첫 번째 처방으로 어린이집부터 당장 끊으라고 했습니다. 엄마는 그럴 필요까지 있느냐고 되물었지만, 그런 엄마에게 저는

"그건 엄마 욕심이에요" 하고 단호하게 일렀습니다. 그 뒤 아이는 놀이 심리 치료를 받으면서 하루 24시간을 엄마의 보살핌 속에 지냈습니다. 무엇 하나를 하더라도 사랑으로 감싸 주라는 것이 제 조언이었지요. 몇 주 지나지 않아 그 아이는 봇물 터지듯 또박또박 말을 하게 되었습니다. 그뿐만 아니라 활발하게 놀 줄도 알게 되었고요.

언어 발달을 비롯한 모든 발달 과정에 있어 가장 기본은 아이의 정서적 안정입니다. 엄마와의 애착을 기반으로 정서적으로 안정되었을 때 모든 발달도 자연스럽게 이루어진다는 것을 잊지 마세요.

* 아이와 활발하게 상호 작용을 하고 있는지 따져 보세요

언어는 의사소통의 수단이기 때문에 다른 사람에게 관심이 없으면 언어 발달도 제대로 이루어지지 않습니다. 그렇다면 다른 사람에 대한 관심은 어떻게 생길까요? 바로 아이가 주 양육자로부터 충분한 사랑을 받을 때 생깁니다.

주 양육자인 엄마가 육아를 너무 버거워하여 아이에게 활발한 상호작용을 못 해 줬을 때나, 아이를 봐 주는 사람이 자주 바뀌었을 때에 언어 및 사회성 발달에 문제가 생길 수 있습니다. 애착 문제가 발생하는 경우가 대표적인데 조기에 발견해서 치료를 하면 대부분 정상으로 회복되지만, 아이의 뇌 발달이 상당 부분 진행된 후에 치료를 시작하게 되면 여러 가지 문제들이 도미노처럼 이어집니다.

이 경우 말이 늦는다고 언어 치료나 인지 교육부터 시작하는 것보다는 사회성을 발달시킬 수 있는 심리 치료를 해야 합니다. 이때는 가족들의 적극적인 협조가 필요합니다. 전문의의 조언에 따라 가족들 모두 애써 주어야 아이의 정서가 안정이 되면서 사회성이 발달하고, 저절로 말이 늘게 됩니다.

* 수다쟁이 엄마 밑에서 말 잘하는 아이가 자랍니다

뚜렷한 원인이 없는데도 불구하고 언어 발달이 늦는 아이들은 '발달성 언어 장애'로 진단합니다. 이런 아이들은 언어 치료를 통해 효과를 볼 수 있습니다. 하지만 아이가 말이 늦는 것 외에 별다른 이상이 없고 다른 비언어적인 의사소통이 활발하다면 집에서 적절한 언어 자극을 주는 것만으로도 효과를 볼 수 있습니다. 이때 빨리 말을 틔우겠다는 욕심으로 아이에게 억지로 말을 따라 하게 하면 오히려 역효과가 날 수 있으니 주의하세요.

먼저 아이가 하는 말을 따라 하면서 정확하게 말할 수 있도록 해주는 것이 좋습니다. 아이가 "물"이라고 한다면, "물을 먹고 싶다고? 그럴 때는 '물 주세요' 하는 거야" 하고 이야기해서 자기의 뜻을 정확히 전달하도록 도와주세요. 또한 아이가 간단하게 따라 할 수 있는 단어를 반복적으로 말해 줍니다.

아이는 흥미가 있고 즐거워야 조잘조잘 떠들어 댑니다. 아이가 재미있는 놀이를 하고 있을 때, 기분이 좋을 때 짧고 반복적인 언어 자극을 주는 것이 좋습니다. 예를 들어 아이가 장난감 기차에 흥미를 보인다면, "칙칙폭폭 기차가 나갑니다" 하고 반복해서 말해 주면 어느새 아이가 따라 할 것입니다.

어떤 연구에 따르면 엄마가 평소 쓰는 단어의 수와 아이가 말하는 양이 비례한다고 합니다. 정상적인 뇌 발달을 하는 아이라면 주변의 언어 자극에 따라 언어 발달도 영향을 받는 것이지요. 아이의 언어 발달을 위해 수다쟁이 엄마가 되어 보세요.

그 외에 부모들이 알아 두어야 할 것이 있습니다. 바로 책을 많이 읽는다고 해서 언어 능력이 발달하는 것은 아니라는 사실입니다. 언어는 사회적 상황에서 사용되는 실제 언어를 통해 발달합니다. 책을 통해 영어를 배우면 읽을 수는 있어도, 그것이 곧바로 대화로 이어지지 않는 것과 같은 이치입니다. 아이들도 경험을 통해서만 의사소통에 필요한 언어를 제대로 습득하게 됩니다. 그러니 열 번 책을 읽어 주기보다 아이와 한 번이라도 제대로 이야기를 나누는 편이 언어 발달에 훨씬 효과적일 것입니다.

* 몸이 아파도 말을 못합니다

아이가 말을 잘 못하는 것은 신체적인 이상 때문일 수도 있습니다. 한 예로 아이가 중이염을 자주 앓아 소리를 잘 듣지 못하기 때문에 그만큼 말을 배울 기회가 줄어들고, 그것이 언어 발달 지연으로 나타나기도 합니다. 이 같은 경우라면, 제일 먼저 할 일은 이비인후과에서 적절한 치료를 하는 것입니다. 먼저 아이의 비언어적 의사 표현력을 잘 살펴본 뒤, 아이의 신체상에 어떤 문제가 있지는 않은지 점검해 보세요.

아이의 언어 발달이 늦는 이유

1. 신생아 때 거의 말을 걸어 주지 않은 경우
2. 아이가 울어도 안아 주지 않은 경우
3. 아이와 눈을 맞추며 말을 걸어 주지 않은 경우
4. 아이가 말로 표현하기 전에 엄마가 알아서 먼저 해 준 경우
5. 텔레비전이나 스마트폰을 많이 보여 준 경우
6. 퍼즐이나 블록 등 혼자 하는 놀이만 시킨 경우
7. 아이를 돌보는 사람을 자주 바꾼 경우
8. 밖에서 다른 아이들과 어울릴 기회를 갖지 못한 경우
9 아이에게 말을 따라 할 것을 강요하고 틀릴 때마다 지적한 경우
10. 카드나 교재 등을 이용해 주입식 교육을 시킨 경우

우리 아이 언어 발달 과연 정상일까요? 
-시기별 언어 발달 체크리스트

●24개월 이후

1. 나와 너를 조금 구분할 수 있다. □
2. 자신의 이름이나 나이, 성별은 아직 모른다. □
3. 아는 단어가 20~30개 정도 된다. □
4. 물건의 용도를 잘 모른다. □
5. 숫자 개념이 없다. □
6. 컵이나 수저 등 간단한 물건 이름을 안다. □
7. 말로 간단한 명령을 하면 알아듣는다. □
8. 원하는 물건을 손으로 가리킨다. □
9. 명사와 동사를 결합해서 사용한다. □
10. '나', '너'라는 말을 사용한다. □

●30개월 이후

1. 형용사나 부사 등을 사용할 줄 안다. □
2. 간단한 물건의 이름과 용도를 물어보면 반 정도 맞춘다. □
3. 나와 너를 구별한다. □
4. '물 주세요' 같이 2개 단어로 된 문장을 쓴다. □
5. 다른 사람의 말을 2/3 정도 이해한다. □
6. 자신의 이름, 성별, 나이를 2/3 정도 인지한다. □
7. 컵이나 수저, 공 등 간단한 물건 이름을 안다. □
8. 대소변이 마려울 때 말로 표현한다. □
9. '아니오', '예'라는 말의 의미를 안다. □
10. 진행형, 수동형, 과거형, 현재형을 이해한다. □

11. 큰 소리로 말할 수 있다. □

●36개월 이후

1. 숫자를 따라 말할 수 있다. □
2. 간단한 물건의 이름과 용도를 말할 수 있다. □
3. 말하는 속도가 빨라진다. □
4. 짧은 대화를 나눌 수 있다. □
5. 명사와 동사를 뚜렷하게 구분하여 사용한다. □
6. 아직은 말할 때 더듬거나, 말이 막히기도 한다. □
7. 물건의 용도를 듣고 무엇을 말하는지 가리킬 수 있다. □
8. 마시다, 먹다, 던지다 등의 말을 이해한다. □
9. 물건의 이름을 사용하여 문장을 말하기 시작한다. □
10. 단순한 질문을 이해하고 대답한다. □
11. 질문을 자주한다. □
12. 2~3개 단어로 된 6~13음절의 문장을 따라 한다. □
13. 과거와 미래의 의미를 안다. □
14. 발음이 조금 명확해진다. □
15. 말이 자주 틀리고 문장도 맞지 않지만 길게 이야기하려고 한다. □
16. '왜', '언제' 등을 물어본다. □

※각 시기에 5개 이상 해당될 때는 정상적인 언어 발달을 하고 있는 것으로 볼 수 있다. 부족한 부분은 적절한 자극만으로도 좋아진다. 만약 각 시기에 5개 미만만 할 수 있을 경우 말이 늦는 것이므로 전문가와 상담하는 것이 좋다.

말을 더듬는다고 야단치지 마세요

한창 말을 배울 나이에 갑자기 아이가 말을 더듬으면 부모 가슴은 덜컹 내려앉습니다. 뇌에 문제가 있는 건 아닌지, 아이에게 심리적인 병이 생기지는 않았는지 겁부터 더럭 납니다. 이때 아이의 발달 과정을 객관적으로 알면 걱정도 절반으로 줄어들고, 아이를 어떻게 대해야 할지 방법도 알게 됩니다.

말을 더듬는 것은 성장하면서 겪게 되는 자연스러운 과정입니다. 아이마다 차이가 있어 그것이 눈에 띄게 드러날 수도 있고, 그 과정을 거치지 않고 언어 발달이 이뤄질 수도 있습니다.

아이가 말을 더듬는다면 다짜고짜 걱정부터 할 것이 아니라 그 과정을 잘 넘길 수 있도록 꾸준히 도와주는 것이 현명한 부모의 모습입니다.

* 단순하게 말만 더듬는지 다른 문제도 있는지 관찰하세요

33개월 된 남자아이가 엄마 손을 잡고 진료실에 들어섰어요. 두 돌이 넘어서부터 말을 곧잘 했는데 얼마 전부터 말을 더듬기 시작했다고 합니다. 항상 그런 것은 아니지만 신경 써서 들으면 말을 더듬는 것이 귀에 거슬릴 정도라 했습니다. 최근에 아이가 변화를 느낄 만한 큰 사건도 없었고, 엄마와 아이의 관계도 좋았답니다. 그 엄마는 아이의 말 더듬는 버릇이 자라서까지 이어지면 어떻게 하느냐고 걱정이었죠.

그 아이의 언어 발달 상황을 검사해 보니 정상으로 나타났습니다. 언어 발달이 왕성해지면서 말수가 늘어나는 이 시기에 일시적으로 말더듬이 현상이 나타날 수 있습니다. 머리에는 말로 하고 싶은 생각이 가득 차 있는데 두뇌 발달상 말로 표현하는 데는 한계가 있기 때문이죠. 시쳇말로 마음은 꿀떡 같은데 머리가 따라 주지 않는다고나 할까요? 그러다 보니 같은 낱말이나 구절을 되풀이하고 한 단어를 말할 때 길게 이야기하는 것이지요. 엄마가 보기엔 아이가 말을 더듬는 것처럼 보이는 것이고요. 그러니 아이가 다른 문제 없이 단순히 말을 더듬는 것이라면 크게 걱정하지 않아도 좋습니다. 어느 정도 시기가 지나면 저절로 없어지니까요.

아이가 혼자서 책을 읽거나 인형이나 동물과 얘기할 때는 막힘없이 이야기하면서 사람과 이야기할 때는 긴장하여 말을 더듬기도 하는데, 이 역시 시간이 약인 경우가 많습니다. 아이가 말을 더듬을 때 야단을 치거나 똑바로 이야기할 것을 강요하면 말 더듬는 현상이 습관화될 수 있으므로 주의해야 합니다.

*만성적으로 말을 더듬으면 스트레스가 원인입니다

일시적으로 말을 더듬는 것은 시간이 지나면서 해결될 수 있지만 말 더듬는 횟수가 늘어나면서 만성적으로 말을 더듬는다면 스트레스가 심하지 않은지 살펴봐야 합니다. 아이는 어른과 달리 자신에게 닥친 스트레스를 어떻게 해소해야 할지 모릅니다. 그래서 미처 해소되지 못한 스트레스가 말을 더듬는 등의 다른 이상 징후로 나타나는 것이지요. 스트레스가 원인이 되어 말을 오랫동안 더듬는다면, 그 원인부터 찾아 해결해 주어야만 합니다. 이 문제를 계속 방치하면 단순히 말을 못하는 것으로 그치지 않고 성향 자체가 소극적이 될 수도 있고, 모든 일을 엄마에게 미루는 의존적인 성격으로 자랄 수 있습니다.

그렇다면 아이는 무엇 때문에 스트레스를 받을까요? 6세 이전의 아이들에게서 보이는 문제의 대부분은 엄마와의 애착이 제대로 형성되지 않아서 발생합니다. 그러니 우선 엄마와의 관계가 좋은지 살펴보세요. 엄마가 주 양육자가 아니라면, 엄마 대신 아이를 말아 돌보는 사람과의 관계를 살펴보십시오. 또한 아이에게 스트레스가 될 만한 다른 요소가 없는지 잘 생각해 보길 바랍니다. 엄마에게는 별일 아닌 것이 아이에게는 큰 스트레스가 될 수 있으니 무엇이든 아이 입장에서 생각해 봐야 합니다.

쓸데없이 다른 집 아이와 비교하는 말을 내뱉지는 않았는지, 주변 사람의 말만 듣고 아이에게 무조건 학습을 시키지는 않았는지, 사회성을 키워 준다고 무리하게 아이를 집 밖으로 내돌리지는 않았는지 등 아이의 24시간을 차근차근 떠올려 보고 점검해 보세요.

* 말 못한다고 지적하는 것은 절대 금물!

아이가 말을 더듬으면 도와준다고 옆에서 "천천히 말해라", "따라서 말해 봐라" 하며 일일이 지적하면서 고치려고 하는 부모들이 있습니다. 이 시기의 아이에게 억지로 바른 습관을 잡아 주려고 하는 것처럼 곤혹스러운 일이 없습니다. 특히 말을 배우는 것처럼 인지능력을 요하는 경우는 더 그렇습니다.

억지로 다그치면 오히려 아이의 증상이 더 악화될 수 있습니다. 부모가 지적할 때마다 아이는 자신이 말을 더듬는다는 것을 의식해서, 말하는 데 자신감이 없어지거나 더 심하게 말을 더듬게 될 수도 있다는 말입니다. 한 연구에 따르면, 말을 더듬는 증상을 정상적으로 여겨도 되는 상황에서 주변 사람들이 예민하게 반응하면 오히려 증상이 악화된다고 합니다.

아이가 일단 말을 하면 더듬더라도 중간에 끼어들지 말고 끝까지 들어 주세요. 하고 싶은 말을 끝까지 마치게 하는 것이 우선입니다. 그래야만 아이도 자신감을 가지고 자기 생각을 전달하는 방법을 깨치게 됩니다.

그 다음에는 아이의 말에 천천히 정확하게 대답해 주세요. 하루에 5분씩이라도 부모와 천천히 대화하는 연습을 하면 말을 더듬는 증상도 한결 좋아집니다.

아이의 심리가 불안할 때도 말 더듬는 현상이 잘 나타납니다. 아이가 말을 더듬는다고 엄마가 '우리 애만 왜 이럴까?', '평생 말을 더듬는 것은 아닐까?' 하고 불안한 마음을 갖고 있으면 그것이 그대로 아이에게 전달되는데, 이 또한 아이의 심리를 불안하게 합니다. 그러니 엄마가 먼저 편안한 마음을 갖고, 아이가 말을 하는 것을 즐겁게 생각할 수 있도록 도와주세요.

아이가 말을 더듬으며 힘들어할 경우에는 "누구나 말이 쉽게 나오지 않을 때가 있어" 하고 격려하면서 부드러운 표정으로 아이를 안심시켜야 합니다. 그리고 아이 스스로 주변 사람들에게 자기가 힘들어하는 점을 이야기할 수 있도록 편안한 양육 환경을 만들어 주세요.

* 우리 아이 말더듬이일까 아닐까?

다음과 같은 증상을 보일 때는 소아 정신과 전문의와 언어치료사의 복합적 도움을 받는 것이 효과적입니다.

① 모음을 반복해서 말한다면?

엄마를 부를 때 '어 - 어 - 어 - 엄마' 라고 한다거나 강아지를 '강 - 아 - 아 - 아지' 라고 모음을 삽입해서 반복적으로 발음할 경우 말더듬이라고 할 수 있습니다. 이러한 현상이 지속되면 언어치료사의 도움을 받는 것이 좋습니다. 반면 '가 - 그 - 가 - 강아지' 처럼 자음을 반복하는 경우는 크게 걱정할 정도는 아닙니다.

② 접속어를 반복해서 말한다면?

3세 전후의 아이들은 무슨 이야기를 할 때 '그래서' 혹은 '그런데' 를 자꾸 되풀이하는 경우가 많습니다. 엄밀히 말해서 이것은 말을 더듬는 게 아닙니다. 머릿속에서 생각한 것을 표현하고자 할 때 언어 표현력이 부족하여 알맞은 단어를 생각해 내느라 시간이 걸리는 것이니 걱정하지 않아도 됩니다.

③ 첫 음절을 늘려 말한다면?

말을 더듬는 아이들 중에는 낱말 첫 음절을 길게 늘여 말하는 경우가 있습니다. 예를 들면 '물'이라는 단어를 발음할 때 '음-ㅁ-ㅁ-물'이라고 이야기하는 경우가 있습니다. 이 역시 몇 달이 지나도 사라지지 않으면 전문가의 도움을 받는 것이 좋습니다.

* 말 잘하는 아이로 만드는 생활법

① 계속 말을 걸고, 즐겁게 대화한다

언어 발달에 자극을 주겠다는 생각으로 벽에 단어 카드를 붙여 놓거나 책을 많이 읽어 주는 것은 아이에게 말하는 기쁨을 느끼게 하지 못합니다. 그것보다는 일상생활에서 아이가 관심을 가지는 것들을 소재로 삼아 지속적으로 말을 걸고 즐겁게 대화하는 것이 좋습니다.

② 아이가 필요한 것을 말할 때까지 기다린다

아이를 배려한다는 생각에 아이가 말을 하지 않아도 일일이 챙겨 주는 부모들이 많습니다. 말 잘하는 아이로 만들기 위해서는 아이 스스로 원하는 것을 말하게 해야 합니다.

③ 할 말이 많도록 해 준다

즐거운 경험이 많은 아이는 말이 늘어나게 마련입니다. 다양한 경험으로 아이에게 말할 거리를 많이 만들어 주는 것이 좋습니다.

④ 정확한 문장을 들려 준다

"물", "우유" 등 아이가 필요로 하는 것을 한 단어로만 말할 경우 정확한 문장으로 말하도록 합니다. "우유를 달라고? 우유 여기 있어" 하는 식으로 말하는 것이 좋습니다.

⑤ 다른 사람의 이야기를 잘 듣도록 한다

말을 잘하기 위해서는 상대방의 말을 잘 들어야 합니다. 아이가 이야기할 때 집중해서 듣는 모습을 보여 주고, 부모가 이야기할 때도 아이가 집중하여 듣게끔 하세요.

아이가 욕을 입에 달고 살아요

만 3세가 되면 어휘력이 기하급수적으로 늘면서 못 하는 말이 없어집니다. 가끔 “죽을래?”, “맞아 볼래?” 같은 말로 부모를 놀라게 하지만, 아이에게 있어서 욕은 단순한 감정 표현이거나 관심을 끌기 위한 행위일 때가 많습니다. 부모가 너무 문제 삼으면 아이가 되레 겁을 먹게 되고, 반발심으로 더 심하게 욕을 할 수도 있습니다. 그렇다고 방치하면 버릇이 될 수 있으므로 세심한 노력이 필요합니다.

* 사회 경험을 쌓아 가는 과정에서 배우는 욕

아이들이 욕을 하는 것을 처음 들은 부모들의 반응은 한결같습니다. “어디서 배워서 이런 욕을 하는 거야?” 하는 반응이지요. 부모는 아이 스스로 그 욕을 생각해낸 것이 아니라 다른 사람을 보고 따라 하는 것이라 생각합니다. 맞습니다. 아이들은 다른 언어처럼 욕도 다른 사람의 말을 듣고 따라 합니다.

그렇기 때문에 아이가 욕을 한다는 것은 아이의 사회적 관계가 넓어지고 있음을 뜻합니다. 가족들이 아이에게 일부러 욕을 가르치지는 않으니까요. 가족으로 한정된 인간관계를 벗어나 또래, 대중매체 등과 상호 교류하면서 욕을 배운 것이지요. 그리고 이 시기의 아이들은 욕의 의미를 모른 채 새로운 단어라고 생각하고 그냥 따라 하기도 합니다.

그러므로 아이가 욕을 한다고 해서 걱정할 필요는 없습니다. 그렇다고 욕을 통한 의사 표현이 바람직하다는 것은 아닙니다. 아이가 욕을 하면, 그것을 성장 과정으로 받아들이고 올바르게 자기 의사를 표현하는 방법을 가르쳐 주도록 하세요.

* 욕을 한 즉시 바로잡아 주세요

아이가 처음으로 욕을 할 때는 ‘화나는 감정을 표현하기 위해서’라기보다는 ‘장난 삼아서’ 하는 경우가 대부분입니다. 하지만 의도 없이 장난으로 하는 욕이라도 발견한 즉시 바로잡아 주는 것이 좋습니다. 현행범이 자기 죄를 인정할 수밖에 없는 것처럼 아이의 잘못도 현장에서 짚어 줘야 효과적으로 고칠 수 있습니다.

주변에 사람들이 있다고 하여, 또는 다른 일을 먼저 처리해야 해서 "다음에 이야기하자" 하고 그 순간을 넘기면 아이는 욕을 해도 괜찮다고 생각하기 쉽습니다.

"네가 장난으로 나쁜 말을 한 것 같은데 그런 말을 듣는 사람은 기분이 나빠지게 돼. 욕을 하는 것은 나쁜 행동이야. 예쁜 말을 써 주었으면 좋겠어."

이렇게 욕을 해도 엄마가 화를 내지 않는다는 것을 알게 하되, 그것이 잘못된 행동이라는 점을 분명히 일깨워 주세요.

* 상대방을 화나게 하려는 수단이라면

두 돌 이전에는 자신의 화나는 감정을 바닥을 데굴데굴 구르면서 울거나 떼쓰는 것으로 표현하던 아이들이 세 돌에 가까워지면서 욕이나 위협적인 말로 표현하기 시작합니다. 이는 자신의 감정을 욕이나 위협적인 말로 드러냄으로써 상대방을 화나게 하려는 행동입니다. 화가 났을 때 폭력을 사용하는 경우와 마찬가지이지요.

이런 경우에는 욕의 기능을 알고 사용하는 것이므로 단호하게 대처해야 합니다. 이때 아이에게 화를 내는 것은 아이의 잘못된 의도에 넘어가는 결과밖에 되지 않습니다. 부드러운 목소리로, 그러나 단호하게 이야기해 주세요.

화가 날 때마다 욕을 하면 감정을 조절하는 법도 배우지 못할뿐더러, 어느 순간 습관으로 굳어져 시도 때도 없이 욕을 하게 됩니다. '아이가 뭐 뜻이나 알고 욕을 했겠어?' 하는 생각에 안이하게 대처하면 나중에는 점점 더 바로잡기 힘들어집니다. 여유롭게 대처한다고 방치해서도 안 되고, 너무 엄하게 처벌해 역효과를 내는 것도 곤란합니다.

* 대화를 통해 욕을 하면 안 되는 이유 설명하기

아이가 자신의 화나는 감정을 표현하기 위해 욕을 사용했다면 이때는 기분이 어떨 때 욕을 사용하는지, 욕을 사용하면 어떤 점이 안 좋은지 대화를 통해 아이 스스로 답을 찾게 유도해 주세요. 다음의 대화를 잘 읽어 보길 바랍니다.

"○○야, 조금 전에 욕을 했잖아. 왜 그런 거야?"
"친구가 장난감을 빼앗아 가서 그랬어."
"친구에게 장난감을 뺏겨서 화가 났던 거구나?"
"응."

"그런데 욕을 하니까 기분이 좋아졌어?"

"아니."

"네 욕을 들은 친구는 기분이 어떨 것 같아?"

"그 친구도 기분이 안 좋을 것 같아."

"욕을 하니까 너도 기분 안 좋고, 친구도 안 좋겠지? 또 싸우게 되고."

"응."

"그러면 친구가 장난감을 빼앗아 갈 때 어떻게 해야 할까?"

"예쁜 말로 해야 해."

"그래. '네가 장난감을 빼앗아 가서 기분이 안 좋아. 다시 돌려줄래?' 하고 말하는 거야."

대화가 길고 지루하게 느껴지세요? 하지만 꼭 필요한 과정입니다. 이같은 대화를 통해 아이는 욕을 한 이유, 욕을 했을 때의 기분, 욕을 들은 상대방의 기분, 바른 해결 방법을 스스로 깨닫고 그에 맞춰 행동하게 됩니다.

하지만 아직 사고가 발달하지 않은 아이들이 화나는 순간마다 말로 감정을 표현하기란 쉬운 일이 아니지요. 그래서 불쑥불쑥 욕이 튀어나오는 경우도 있는데, 이때를 대비해 욕 대신 자신의 감정을 표현할 수 있는 다른 말을 알려 주세요. '아이 참!', '기분 나빠!' 등 감정 표현의 수단으로 쓸 수 있는 말이면 어떤 것이든 좋습니다. 처음에는 힘들더라도 꾸준히 학습을 시키면 욕하는 버릇을 바로잡을 수 있습니다.

거짓말을 밥 먹듯이 해요

아이가 거짓말을 한다고요? 그것도 갈수록 정도가 심해진다고요? 하지만 이 시기 아이의 거짓말은 크게 걱정하지 않아도 좋습니다. 아이가 거짓말을 시작했다는 것은 뇌가 그만큼 성숙했다는 증거입니다. 다만 버릇으로 자리 잡지 않도록 부모의 바른 지도가 필요합니다. 먼저 어른이 하는 거짓말과 아이가 하는 거짓말에 어떤 차이가 있는지부터 알아야 합니다.

* 인지능력이 발달하면서 하게 되는 거짓말

조금 큰 아이들은 부모를 속이려는 불순한 의도를 가지고 거짓말을 하지만 이 시기 아이들은 그렇지 않습니다. 3~4세 아이의 거짓말은 인지능력의 발달 과정에서 나오는 현상이라 할 수 있지요. 거짓말을 하려면 앞으로의 사태를 예견하고 과거의 사건을 논리적으로 회상할 수 있는 인지 수준이 되어야 합니다. 또한 믿을 수 있는 수준의 거짓말을 해야 하므로 상대 입장이 되어 보는 과정이 필수적이지요. 따라서 거짓말을 한다는 것은 있지도 않는 상황을 상상할 수 있는 능력이 생겼음을 의미합니다.

상상력이 발달하기 시작한 3~4세 아이들은 현실과 상상을 제대로 구별하지 못합니다. 그래서 만화 캐릭터와 자신을 동일시하기도 하지요. 마찬가지로 엄마에게 하는 이야기가 실제 일어난 일인지 상상 속에서 만들어 낸 일인지 구분하지 못해 본의 아니게 거짓말을 하기도 합니다. 어린이의 인지 발달을 연구한 피아제는 8세 이하의 아이들은 거짓말의 진정한 의미를 이해하지 못한다고 말하기도 했습니다. 그러니 이 시기 아이들의 거짓말을 나쁘게만 바라볼 필요는 없습니다.

* 학습 스트레스로 거짓말을 하기도 합니다

저도 아이의 거짓말 때문에 당황했던 적이 있었답니다. 정모가 유치원에 다닐 때였어요. 어느 날 유치원 선생님으로부터 전화가 왔습니다.

"어머님, 예전에는 한 번도 이런 일이 없었는데 정모가 거짓말을 했어요."

아니 정모가? 경모가 유치원 다닐 때 이런저런 문제로 선생님으로부터 전화를 받긴 했지만 정모에게 이런 일이 있을 거라고는 상상도 못 했지요.

둘째인 정모는 사실 거저 키웠다는 표현이 맞을 것입니다. 조금 늦되고 유별난 제 형에 비해 모든 면에서 엄마를 편하게 해 준 아이였지요. 그런 아이가 거짓말을 했다는 말에 하늘이 무너지는 것 같았습니다. 놀란 마음을 추스르고 선생님께 어떻게 된 영문인지 물었습니다.

"정모가 한글 공책을 가져오지 않아서 물어보니 잃어버렸다고 하더라고요. 그런데 며칠 뒤 다른 아이 사물함에서 공책이 나왔어요. 정모가 친구 몰래 넣어 놓고 거짓말을 한 것이었어요."

그날 저녁 퇴근하고 정모를 불러다 앉혔습니다. "너 왜 그런 거야?", "거짓말하는 것은 누구한테 배웠어?" 등 아이를 다그치는 말이 목구멍까지 올라오는 것을 겨우 참고 물어보았습니다.

"정모야, 공책을 숨겨야 할 만큼 한글을 배우기가 싫었니?"

"……."

정모는 아무 말 없이 고개를 떨구었습니다.

"정모야."

다시 한번 부르니, 그제야 고개를 드는데 두 눈에 눈물이 그렁그렁 맺혀 있었습니다. 그리고 울음을 터트리며 이야기를 하더군요.

"엄마, 한글 어려워! 그래서 하기 싫어."

정모에게서 어렵다는 말을 들은 것이 그때가 처음이 아닐까 싶습니다. 그동안 정모는 자기가 다른 아이들보다 뛰어난 것을 당연하게 여겼을지 모릅니다. 그런 정모에게 한글을 빨리 깨우치지 못한다는 것은 정말로 받아들이기 힘든 사실이었을 것입니다. 그래서 한글 공책을 감추고 거짓말을 한 것이지요.

* 거짓말 자체보다 그 원인을 알아보세요

아이들은 자기가 감당해 내기 벅찬 상황에서 거짓말을 하곤 하는데, 이는 아이가 거짓말을 해야 할 만큼 힘들다는 뜻입니다. 그러니 이럴 때는 거짓말 자체를 탓하기 전에 근본적인 동기를 찾아 그것부터 해결해 주어야 합니다.

뜬눈으로 밤을 지새운 저는 다음 날 유치원에 직접 찾아가 정모의 선생님을 만났어요. 그리고 정모의 한글 수업을 다음 해로 늦춰 달라고 부탁했습니다. 아마도 선생님은 제게 다른 말을 기대했을 거예요. 따끔하게 혼을 냈으니 앞으로는 그런 일이 없을 거라는 등의 얘기 말입니다. 결국 정모는 한글 수업 시간에 다른 걸 하며 보냈고, 여섯 살이 되어서야 비로소 한글을 배우기 시작했어요. 그리고 시작한 지 몇 달 되지 않아 웬만한 받아쓰기는 별다른 어려움 없이 해낼 정도가 되었지요.

제가 만일 그때 정모를 야단쳤더라면 '거짓말은 나쁜 것'이라는 사실은 분명하게 가르쳐 줄 수 있었을 것입니다. 하지만 한글 공부에 대한 버거움은 여전히 아이에게 남아 있었을 것이고, 그게 학습에 대한 거부감으로까지 발전했을지도 모릅니다. 만일 그랬더라면 한글 받아쓰기를 자신 있게 해내는 정모의 모습을 볼 수 없었을 테지요.

아이들이 거짓말을 할 때 '나름대로 이유가 있겠지' 혹은 '오죽했으면 거짓말을 할까' 하는 마음으로 대해 보세요. 어른 입장에서는 별것 아닌 일이 아이들에게는 거짓말을 해야 할 만큼 심각한 문제일 수 있으니까요.

* 스트레스 없이 거짓말하는 버릇 바로잡기

아이의 마음이 충분히 이해된다고 해도 거짓말하는 버릇을 그냥 내버려 두어서는 안 됩니다. 그렇다고 크게 야단치거나 여러 사람 앞에서 "너 그거 거짓말이지?" 하며 아이의 자존심에 상처를 주지 말고, 아이가 거짓말을 하지 않도록 유도해 주세요. 일단 아이가 거짓말을 하면 부드러운 말로 이렇게 이야기해 보세요.

"엄마는 네 말을 믿어. 네가 거짓말을 하더라도 언젠가는 엄마한테 사실을 말해 줄 거라고도 믿어. 말하지 못해도 그럴 만한 이유가 있을 거라고 생각해."

이 말을 들은 아이는 아마 양심의 가책을 느껴 거짓말하는 버릇을 스스로 고치게 될 것입니다.

그럼에도 불구하고 수시로 거짓말을 할 때는 왜 거짓말을 하면 안 되는지 정확히 짚어 주어야 합니다. '양치기 소년'과 같은 이야기를 들려주면서 거짓말을 하면 어떤 결과가 생기는지 알려 주는 것이 좋습니다. 해도 되는 일과 해서는 안 되는 일을 명확히 구분해 주는 작업이 필요한 것이지요.

또한 아이가 거짓말을 했다고 강한 벌을 주는 것은 좋지 않습니다. 아이가 한 거짓말에 대해 큰 벌을 주고 윽박지르면 아이는 움츠러들고, 나중에 비슷한 상황이 생겼을 때 야단맞는 것이 두려워 더 큰 거짓말을 하게 됩니다. 아이가 거짓말을 할 때 마음속으로 이렇게 구호를 외쳐 보세요.

믿어 주자!

속아 주기도 하자!

혼내지 말자!

Chapter 4

습관

어지르기만 하고 도대체 정리 정돈을 하지 않아요

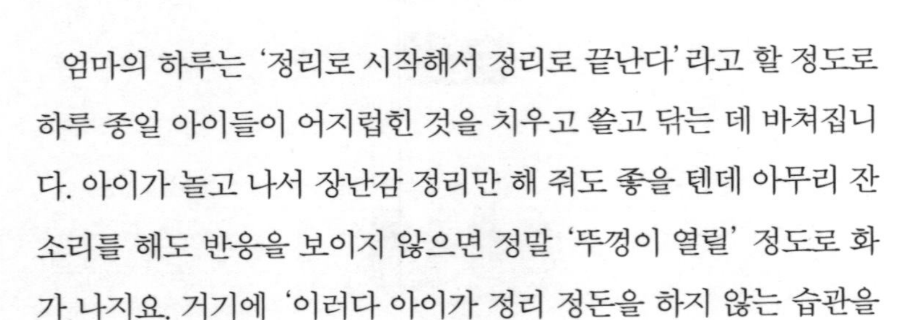

엄마의 하루는 '정리로 시작해서 정리로 끝난다' 라고 할 정도로 하루 종일 아이들이 어지럽힌 것을 치우고 쓸고 닦는 데 바쳐집니다. 아이가 놀고 나서 장난감 정리만 해 줘도 좋을 텐데 아무리 잔소리를 해도 반응을 보이지 않으면 정말 '뚜껑이 열릴' 정도로 화가 나지요. 거기에 '이러다 아이가 정리 정돈을 하지 않는 습관을 들이면 어떻게 하나' 하는 걱정이 더해지기도 합니다.

* 어지르는 것은 상상력을 현실화하는 과정

점점 상상력이 풍부해지는 아이들은 자신이 상상한 것을 현실화하기 위해 주변에 있는 모든 물건을 동원합니다. 어른이 보기에는 어지럽히는 것으로 보이지만 아이들에게는 상상력을 키우는 과정인 셈입니다.

또한 이 시기의 아이들은 자신이 좋아하는 장난감을 꺼내어 노는 것은 잘하지만 그 장난감을 제자리에 돌려 놓는 것은 힘들어합니다. 장난감을 정리하려면 같은 종류의 장난감끼리 분류하는 능력과 다른 일에 한눈을 팔지 않는 집중력이 있어야 하는데 아직 그런 능력이 발달하지 않았기 때문이지요.

엄마가 적극적으로 장난감 정리를 시키지 않았을 경우에도 아이는 정리 정돈을 안 하게 됩니다. 엄마가 "장난감 정리해라" 하고 이야기해 놓고, 아이가 싫어하거나 꾀를 부리면 이내 포기하고 엄마가 정리를 해 버리지요. 그러면 아이는 그 상황만 모면하면 된다는 생각에 요령을 부리면서 점점 더 정리를 안 하게 됩니다.

정리 정돈 습관은 비단 집 안에서의 문제만은 아닙니다. 집에서부터 정리하는 습관이 몸에 밴 아이들은 놀이방이나 유치원에 갔을 때도 장난감을 가지고 논 후에 정리하는 것을 그리 어려워하지 않습니다.

반면 그 습관이 들지 않은 아이들은 장난감을 정리해야만 하는 상황에 잘 적응하지 못합니다. 아이의 자율성과 상상력을 키워 주는 것은 좋지만, 그와 함께 자기가 한 일에 책임지는 것도 배우게 해야 합니다. 마냥 아이가 원하는 대로 내버려 두는 것은 사회성 발달에도 좋지 않습니다. 그러므로 상상을 현실화하고자 하는 아이의 욕구는 충분히 충족시켜 주면서, 정리 정돈 습관 역시 함께 가르쳐야 합니다.

* 놀이에 집중할 때는 정리를 강요하지 마세요

대부분의 엄마들은 아이가 블록 놀이를 하다가 소꿉놀이 기구를 꺼내 놀면 "소꿉놀이 할 때 블록은 필요 없으니 정리하고 놀아"라거나 "왜 이렇게 장난감을 있는 대로 꺼내 놓은 거야?" 하며 놀이를 하는 중간에 정리를 시킵니다.

그러나 아이가 집중해서 놀 때 놀이의 흐름을 끊고 정리를 강요하는 것은 좋은 방법이 아닙니다. 한창 상상의 날개를 펴는 아이들에게는 블록이 소꿉놀이의 그릇이 될 수 있고, 블록을 조립한 후 그릇을 올려놓고 요리를 할 수도 있습니다. 그러니 아이가 놀이에 열중할 때는 방해하지 말고, 충분히 놀게 한 후에 정리를 시키는 게 좋습니다.

아이들은 자신이 좋아하는 놀이를 할 때 대단한 집중력을 보입니다. 아이가 한 가지 일에 몰두하고 있을 때 자꾸 방해를 하면 집중력이 줄어들 수밖에 없습니다.

* 정리 정돈을 놀이처럼

거실 가득 어지럽게 놓여 있는 장난감을 치우라고 하면 아이는 부담을 느낍니다. 자기가 어질러 놓긴 했지만 '이 많은 것을 어떻게 다 치워' 하는 생각이 들기 때문이지요. 이때는 부모가 함께 치워 주는 것이 좋습니다. 아이에게 '이건 여기에 놔라, 저건 저기에 놔라' 하고 지시하기보다는 놀이처럼 재미있게 정리해 보세요.

"엄마는 인형을 정리할 테니까, 넌 자동차를 정리해. 우리 누가 빨리 정리하나 시합해 보자!"

이렇게 하면 아이는 재미있는 놀이를 한다는 생각에 신나게 정리를 하게 됩니다. 아이가 시합의 재미를 느낄 수 있도록 아이보다 너무 빠르지도 느리지도 않게 엄마 아빠가 정리하는 속도를 조절해 주는 것이 좋습니다. 정리가 끝난 후에는 아이를 꼭 끌어안고 칭찬해 주시고요.

그리고 아이들에게 무조건 정리하자고 이야기하면 아이들은 '정리'라는 것을 어떻게 해야 할지 몰라 당황하게 됩니다. 아이와 함께 정리를 하면서 인형 놓을 자리, 블록 담는 통 등 장난감을 정리해서 놓을 위치를 구체적으로 알려 주세요. 또한 정리함을 사용할 경우 아이들이 사용하기에 정리함이 너무 크면 정리를 어려워할 수 있으므로, 분류를 쉽게 할 수 있는 적당한 크기의 정리함을 여러 개 마련하는 것이 좋습니다.

어느 날은 아이에게 직접 정리하라고 하고, 또 어느 날은 정리를 안 해도 부모가 알아서 해 주면 아이들은 점점 정리를 하지 않으려고 합니다. 아이들 입장에서는 정리를 하는 것보다는 하지 않는 것이 더 편하기 때문이지요. 아이와 함께 정리하는 게 더 힘들 것 같아도, 한두 개라도 직접 정리하게 하세요. 그래야 아이가 '놀고 난 후에는 반드시 정리해야 한다'는 것을 알게 되고, 자연스럽게 정리 정돈 습관을 갖게 됩니다.

다음은 정리할 때 해 주면 좋은 말입니다.

●책을 정리하게 할 때

"책이 아무리 많아도 정리가 잘 돼 있으면 쉽게 찾을 수 있어. 먼저 네가 좋아하는 책을 여기 꽂아 보자. 공룡 책을 꽂고, 그다음에는 자동차 책, 엄마랑 보고 싶은 책은 거실에, 잘 때 보고 싶은 책은 침대 옆에 놓으면 어떨까?"

●장난감을 정리하게 할 때

"엄마가 장난감 바구니를 마련해 놓았으니까 놀고 나서는 꼭 제자리에 넣자. 블록은 여기, 인형은 여기. 다 놀았는데도 바구니에 넣지 않은 장난감은 네가 싫어하는 것들이니까 내일 다른 친구에게 줄게."

●신발을 정리하게 할 때

"사람이 많은 곳에 신발을 아무렇게나 벗어 놓으면 잃어버릴 수 있어. 신발을 벗을 때는 양쪽 발을 오므리고 얌전하게 벗도록 하자. 그리고 나갈 때 신기 편하도록 짝을 맞춰서 돌려놓으면 더 좋겠지?"

어른에게 인사를 하지 않아요

어른 무릎께 오는 아이가 어눌한 발음으로 “안녕하세요” 하고 인사를 하면 아무리 무뚝뚝한 어른이라도 웃으면서 인사를 받아 주게 됩니다. 그러면서 엄마에게 말하지요. “아이가 인사성이 참 바르네요.” 자식 칭찬하는 데 싫을 부모가 어디 있겠습니까. 반대로 아무리 시켜도 인사를 하지 않으면 그렇게 무안할 수가 없습니다.

인사 예절은 여러 사람과 어울려 살아가는 데 꼭 필요합니다. 특히 놀이방이나 어린이집 등에서 부모 이외의 사람을 만나게 되는 경우 웃는 얼굴로 인사하는 습관은 무척 중요하지요. 밝게 웃으며 인사하는 아이는 어른이건 아이건 누구나 좋아하게 마련입니다. 그런데 왜 아이들은 인사를 하지 않을까요? 또 어떻게 하면 인사를 잘하게 할 수 있을까요?

* 천성적으로 수줍음이 많은 아이가 있습니다

기질 때문에 인사를 하지 않는 아이들이 있습니다. 낯선 사람에 대한 거부감이 심하거나 수줍음이 많은 아이는 어른을 만나면 반갑게 인사를 하지 못하고 엄마 뒤로 숨곤 하지요. 이런 아이들에게는 어른을 만나는 것이 반갑기보다는 무서울 수 있습니다. 무서운 사람한테는 당연히 인사를 할 수 없지요.

또한 인사 예절을 배우지 못해 인사를 하지 않을 수 있어요. 인사 예절은 생활 습관이기 때문에 일상생활에서 자연스럽게 보고 익혀야 하는 것입니다. 따라서 부모가 다른 사람을 만났을 때 반갑게 인사하는 모습을 보여 주면 아이는 자연스럽게 따라 하게 됩니다. 부모로부터 그런 자극을 많이 받지 못한 경우 아이가 인사하는 일을 꺼리게 되는 것은 당연합니다.

* 특정한 사람에게 먼저 인사를 시켜 보세요

아이가 인사를 싫어하는데 만나는 모든 어른에게 인사할 것을 요구하면 더 거부할 수 있습니다. 수줍음이 많은 아이들은 특히 더 반발하고요. 이때는 특정한 어른을 정해 놓고 인사하는 연습을 시키세요. 슈퍼 아저씨나 옆집 아줌마처럼 자주 보는 어른들 중 몇 명에게만 인사를 하게 하는 것이지요. 이때 부모가 먼저 반갑게 인사를 나누는 모습을 보여야 합니다.

인사를 안 했을 때는 야단을 치기보다는 "아까 옆집 아줌마한테 인사를 했으면 정말 좋았을 텐데"라고 가볍고 이야기하며 넘어가는 것이 좋습니다. 아이는 인사를 할 마음의 준비를 하다가 시간을 놓쳤을 수도 있습니다.

* 주변 어른들과 함께하는 시간을 늘려 줍니다

낯선 사람에게 거부감이 있는 아이들은 주변 어른들과 어울리는 시간을 많이 만들어 주는 것이 좋아요. 아이 친구의 부모들과 자주 만나 아이들끼리 함께 놀게 하거나 함께 여행을 하면서 어른에 대한 부담감을 줄여 주도록 하세요. 부모 외에 다른 어른을 편하게 만날 기회가 많을수록 아이의 인사 습관은 좋아집니다.

* 상황에 맞는 인사법 알려 주기

이 시기가 되면 아이가 할 수 있는 인사말의 종류가 늘어납니다. '안녕하세요'에서 '감사합니다', '죄송합니다', '잘 먹었습니다'

등 상황에 맞게 다양한 인사말을 익히도록 해 주세요. 더불어 인사하는 것이 즐거운 일임을 알려 주어야 합니다. 너무 인사하는 것에만 치중하여 의무적으로 고개만 숙이게 하면 인사는 하기 싫은 일이 되고 말지요. 부모가 먼저 즐겁게 인사하는 모습을 보여 주고, 아이가 인사를 할 때는 기분 좋게 맞장구를 쳐 주도록 하세요.

뭐든지 '내 것'이라며 절대 양보하지 않아요

집에서 부모와 지내던 아이가 친구나 어른을 만나면서 엄마 눈에 탐탁지 않은 행동을 하곤 합니다. 그 대표적인 예가 뭐든지 '내 것' 이라며 절대 양보를 하지 않는 것이지요.

친척이 놀러와 자기의 수저를 만지면 "내 거야!" 하면서 울고, 친구들이 놀러와 자기 장난감에 손을 대면 역시 "내 거야!" 하면서 휙 빼앗아 갑니다. 그러다 보니 또래 아이들 사이에서 장난감을 가지고 싸움도 많이 일어나지요.

부모가 사이좋게 놀아라, 양보해라 아무리 이야기해도 아이들 귀에는 들어오지 않습니다. 그래서 부모들은 '우리 아이가 버르장머리가 없는 걸까?' 하고 고민하게 되지요.

* 자기중심적 사고에서 나오는 행동

자기중심적 사고란 말 그대로 자신을 중심으로 세상을 바라보는 것을 말합니다. 이 시기의 아이들은 이러한 자기중심적 사고 아래, 자기가 생각하는 그대로 다른 사람도 생각한다고 여기고 행동합니다. 때문에 누군가 자기 물건에 손을 대면 그 사람이 어린 동생이건 또래 친구이건 상관없이 "내 거야!" 하며 자기가 당장 가지고 놀 것이 아님에도 뺏는 것입니다.

때때로 장난감을 친구에게 주거나 사탕이나 과자를 나누어 주기도 하지만, 이는 상대방을 배려해서가 아닙니다. 단지 주고 싶어서 주는 경우이거나 엄마 아빠의 칭찬을 바라고 하는 행동일 경우가 많습니다.

이 시기의 아이가 엄마 아빠에게 선물을 하면, 과연 어떤 물건을 선물할까요? 자기가 열심히 접은 비행기, 자기가 만족스럽게 그린 그림, 자기가 아끼는 장난감 자동차 등 자기가 좋아하고 아끼는 것이 대부분입니다. 자신이 좋아하는 물건을 엄마 아빠도 좋아한다고 생각하기 때문에 그런 선물을 하는 것이지요. 그러다 유치원에 들어가고 초등학교에 들어가면 달라집니다. 엄마 아빠에게 도움이 되는 것을 선물로 주려 하지요. 이는 드디어 자기중심적 사고에서 벗어나고 있음을 뜻합니다.

자기중심적 사고를 하는 3~4세 아이에게는 무작정 양보하라는 말이 통하지 않습니다. 이때는 아이의 소유욕을 어느 정도 만족시켜 주면서도 양보와 배려를 가르쳐 주는 균형이 필요합니다.

* 사랑을 받은 아이가 사랑을 베풀 줄 압니다

자기중심적 사고를 벗어나는 데는 부모와의 애착 형성이 중요합니다. 부모와 애착 관계가 잘 형성된 아이들은 자기중심적인 사고를 하는 기간이 짧고 양보하고 배려하는 방법도 빠르게 익힙니다. 아이들이 걸음마를 하면서 엄마와 분리를 시도할 때, 엄마의 사랑에 대한 믿음이 강한 아이들이 주변에 대한 관심이 많고 심리적 분리도 빠른 것과 같은 이치입니다.

반대로 부모와 애착 관계가 잘 형성되지 않은 아이들은 심리적 독립이 늦고, 양보와 배려를 배우는 과정도 무척 힘듭니다. 아이가 무슨 일을 할 때마다 "안 돼" 하며 막고, 아이가 노력한 결과에 대해 인정해 주지 않고 혼내면, 아이는 부모로부터 버림받았다는 생각을 갖게 됩니다. 따라서 '이 세상에 나 혼자밖에 없구나' 하는 자기중심적 생각이 더 강해지고, 자신의 것을 지키기 위해 '내 거야'라는 말을 남발하게 되는 것이지요. 그러므로 아이의 행동이 너무 자기중심적이라고 판단되면 애착 관계가 얼마나 안정적인가를 돌아볼 필요가 있습니다.

* 과잉보호는 금물

아이와 충분한 애착 관계를 형성해야 한다고 하여 지나치게 과잉보호를 하는 것은 좋지 않습니다. 아이가 요구하는 것은 무조건 들어주고, 때로는 아이가 요구하기도 전에 알아서 해 주는 것은 올바른 사랑법이 아닙니다. 이는 '이 세상은 나를 중심으로 돌아간다'는 자기중심적 사고를 더욱 강하게 만들 뿐입니다.

과잉보호를 받은 아이들은 놀이방이나 유치원 등 사회적 관계가 시작되는 집단에 들어갔을 때 적응하기가 어렵습니다. 다른 사람이 모두 자기에게 맞춰 줘야 하는데 그러질 않기 때문이지요. 이런 아이에게 양보와 배려는 먼 나라 이야기일 뿐입니다.

* 아이가 중심이 되는 놀이를 줄여 주세요

대부분의 부모들은 아이와 놀 때 아이가 하고 싶은 대로 다 하게 합니다. 예를 들어 소꿉놀이를 할 때도 아이가 원하는 것을 먼저 선택하게 하고 부모는 아이가 관심 없어 하는 것을 가지고 맞춰 주지요. 더구나 요즘은 형제자매가 적어 부모가 아이의 놀이 상대를 해 주다 보니 매번 아이가 놀이의 중심이 됩니다.

때로는 아이가 좋아하는 장난감을 엄마도 갖고 놀고 싶다고 말해 보세요. "오늘은 엄마가 먼저 장난감 고를게" 하고 말이에요. 놀이를 하는 도중 아이가 바꿔 달라고 해도 금방 바꿔 주지 말고 기다리게 해 보세요. 아이는 이런 과정을 통해 양보하고 기다리는 마음을 배울 수 있습니다.

* 빼앗긴 물건을 대신 찾아 주지 마세요

친구가 자신의 장난감을 가지고 논다고 "내 거야!"를 연발하며 아이가 울 경우 어떻게 하는 것이 좋을까요? 아이 울음을 빨리 그치게 하기 위해서는 친구가 가져간 장난감을 다시 아이에게 가져다 주는 것이 좋지만, 이는 자기중심적 성향을 더욱 강화시킵니다. 게다가 이번에는 장난감을 빼앗긴 친구가 또 울겠지요.

이때는 친구와 함께 그 장난감을 가지고 놀게 해 주세요. 만약 모래 놀이를 할 때 삽을 서로 가지고 놀겠다고 싸운다면 한 사람은 삽으로 모래를 푸고, 한 사람은 그릇을 잡고 있게 하는 것이지요. 그러면 아이는 자연스럽게 나누는 즐거움을 깨달을 수 있습니다. 만약 어느 순간 아이가 다툼 없이 친구와 장난감을 함께 가지고 논다면 그만큼 자기중심적 사고가 줄고 사회성이 성숙되었다는 것을 의미합니다.

아직도 손가락을 빨아요

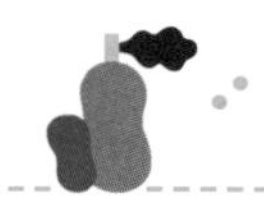

자궁 안에 있는 태아는 18주가 지나면 손가락을 빨고, 갓 태어난 신생아도 대부분 손가락을 빱니다. 통계에 따르면 돌 전 아이의 80퍼센트가 손가락을 빤다고 해요. 그만큼 손가락을 빠는 것은 아이들의 흔한 버릇입니다.

아이들은 왜 이렇게 손가락 빨기를 좋아하는 걸까요? 손가락을 빠는 행위를 통해 아이는 편안함을 느낍니다. 그래서 불안할 때, 졸리거나 배고플 때, 심심할 때 손가락을 입에 가져갑니다. 이러한 행동은 아이가 자라 불안한 마음이 사라지면 자연스레 줄어들게 됩니다.

그런데 3세가 넘어서도 손가락을 계속 빨면 아이의 심리 상태를 살펴보아야 합니다.

* 분리 불안을 견디려는 아이 나름의 자구책입니다

아이가 손가락을 빠는 경우, 대부분의 육아 잡지나 책에서는 천편일률적인 처방을 제시합니다. 손가락을 빨면 나중에 치아가 미워지는 등의 문제가 있으니 빨리 고쳐 줘야 한다는 것이지요. 물론 손가락 빨기가 치아 형성에 좋지 않다는 것은 맞는 말이고, 바로잡아야 한다는 것 역시 틀린 말은 아닙니다. 그러나 그 전에 아이가 왜 손가락을 빠는지 그 이유부터 알아야 하겠지요.

세 살 무렵 자기주장이 더욱 강해진 아이들은 엄마로부터 독립하기 시작합니다. 아이는 이제 신체적으로는 엄마의 도움 없이도 어디든지 뛰어갈 수 있는 능력을 가지게 됐습니다. 그러나 여전히 불안합니다. 어른들이 새로운 직장에 가거나 새로운 일을 시작할 때 느끼는 불안을 떠올리면 쉽게 이해가 될 것입니다. 몸은 자라서 밖으로 뛰쳐나가려고 하는데 마음은 엄마로부터 떨어지기가 힘들어 불안을 느끼고, 이 불안을 해소하기 위해 손가락을 빠는 것이지요. 반복적으로 손가락을 빠는 행위는 아이의 마음을 편안하게 해줍니다. 이것은 어른들이 불안할 때 손가락 끝으로 책상을 반복적으로 두드리는 것과 같은 이치입니다.

아이들이 이런 불안한 마음을 갖는 것은 발달상 지극히 정상입니다. 따라서 손가락을 빠는 버릇은 아이의 독립성이 강해지면 자연스럽게 줄어듭니다. 그런데 이런 불안한 마음을 갖고 있을 때 부모가 자주 싸운다거나, 놀이방이나 어린이집 등 낯선 환경에서 지내게 되면 손가락 빨기는 계속 이어질 수밖에 없습니다. 아이가 세 돌이 넘어서까지 손가락을 빤다면 아이의 주변 상황을 체크해 보고, 아이가 손가락을 빠는 근본적인 원인을 해결해 주어야 합니다.

우선 다음의 질문에 답을 해 보세요. 질문에 '아니요'라는 대답이 나왔을 때는 먼저 그 부분부터 해결해야 합니다. 그렇지 않으면 어떤 방법을 써도 아이의 행동을 교정하기가 쉽지 않을 것입니다. 일시적으로 없어지더라도 다시 나타날 가능성이 매우 큽니다.

① 엄마 아빠의 사이가 좋은가?
② 우리 가족은 규칙적인 생활 습관을 갖고 있는가?
③ 평소 아이에게 애정 표현을 자주 하는가?
④ 아이는 교육기관에서 잘 지내고 있는가?

* 손가락을 빨면 안 되는 이유 설명하기

위의 질문에 모두 '네'라는 대답이 나왔는데도 불구하고 아이가 손가락을 빤다면, 아이의 눈높이에 맞춰 왜 손가락을 빨면 안 되는지 설명해 주세요. 이때 아이의 행동을 나무라거나 강제로 못 하게 하는 것은 절대 피해야 합니다.

"우리의 손가락과 손톱 밑에는 우리 눈에 보이지 않는 병균이 살고 있어. 병균은 우리 몸을 아프게 하는 나쁜 벌레들이지. 그런데 손가락을 자꾸 빨면 그 병균이 네 몸속에 들어가서 배도 아프게 하고, 열도 나게 만들어. 그러면 병원에 가야 하고, 심하면 큰 주사도 맞아야 해. 그러면 좋지 않겠지? 그러니까 손가락을 빨면 안 되는 거야."

물론 이렇게 한다고 해서 아이가 하루아침에 손가락 빨기를 멈추는 것은 아닙니다. 그렇다면 부모들이 고민할 일도 없겠지요. 손가락 빨기뿐 아니라 어떤 상황에서건 아이들이 부모 말대로 자신의 행동을 180도 바꾸는 일은 거의 없습니다. 당장 달라지지 않더라도 혼내지 말고 아이가 손가락을 빨 때마다 위의 이야기를 줄여 간략하게 해 주세요.

* 재미있는 놀이로 관심 돌리기

아이가 손가락을 빠는 상황을 관찰해 보면 심심할 때, 혼자 있을 때, 졸릴 때 등입니다. 만약 심심할 때 손가락을 빤다면 아이 입에서 살짝 손가락을 빼서 장난감을 쥐어 주세요. 아이가 심심하지 않게 함께 놀아 주는 것도 좋습니다. 잠잘 때 손가락을 빤다면 옆에 누워서 손을 잡거나 품에 안아 편히 잠들 수 있도록 도와주세요.

특정한 상황이 아닌데도 무의식중에 손가락을 빤다면 스스로 습관을 고칠 수 있게 해야 합니다. 손가락을 빠는 모습을 보면 부드럽게 아이 이름을 부르며 하지 말라는 뜻의 눈짓이나 미소를 보내는 것이지요.

손가락을 빠는 아이에게 절대 하지 말아야 할 일 (Tip)

1. 야단치기

야단을 치면 무서워서 손가락 빨기를 멈출 수 있지만 보이지 않는 곳에서 더 빨 수 있습니다.

2. 강제로 빼기

아이에게 좌절감과 불안감을 안겨 주므로 좋지 않습니다.

3. 반창고나 붕대 감기

손가락 피부는 보호할 수 있지만, 아이가 반창고를 볼 때마다 심리적 부담감을 느끼게 됩니다.

4. 쓴 약 바르기

심리적 부담을 많이 주는 방법임과 동시에 건강에도 좋지 않습니다.

남의 물건을 막 가져와요

"어느 날 유치원에 다녀온 아이 가방을 보니 사 주지도 않은 새로운 장난감이 있는 거예요. 아이에게 물어보니 '가지고 놀고 싶어서 가져온 것'이라고 태연하게 말합니다. 남의 물건을 함부로 가져오는 게 아니라고 이야기해도 그때뿐이고, 또 다른 물건을 가져옵니다. 그러다 선생님에게 걸려 혼나고, 친구들하고 싸우기도 하고요. 우리 아이에게 도벽이 있는 게 아닐까요?"

* 소유 개념이 없어 나타나는 행동

3~4세 아이들은 대개 아직 소유 개념이 없어 남의 물건을 가져

오는 것이 나쁘다는 생각을 하지 못합니다. 또한 자기만족을 우선 순위로 두고 행동하기 때문에 친구의 물건이건, 유치원 물건이건 마음에 들면 가져가도 된다고 생각하는 것이지요. 그러니 '도벽'과 연결시키는 것은 옳지 않습니다. 대신 왜 그런 행동을 하는지 여러 가지 측면에서 생각해 봐야 합니다.

이 시기의 아이들은 사람들의 관심을 끌 만한 좋은 물건을 갖고 싶어 합니다. 그래서 부모에게 값비싼 물건을 사 달라고 떼를 쓰기도 하고, 그 요구를 들어주지 않을 때는 다른 사람의 물건을 가져오기도 하지요. 그런데 지나치게 물건에 집착하는 아이들은 평소 부모의 관심과 사랑을 충분히 받지 못했을 가능성이 있습니다. 부족한 사랑을 물질로 보상받고자 집착하는 것이지요.

평소 아이들이 원하는 것은 무엇이든 다 들어준 경우에도 허락 없이 남의 물건을 가져올 수 있습니다. 자신이 원하는 대로 뭐든지 가질 수 있었기 때문에 남의 것도 자기가 원하면 가져도 된다고 생각하는 것이지요. 이런 아이들을 혼내면 뭐를 잘못했는지 모르겠다는 표정을 짓기도 합니다.

* 심하게 야단치거나 벌을 주지 마세요

이 시기의 아이들이 가져오는 물건은 친구의 머리핀이나 작은 장난감, 과자나 사탕 등 소소한 물건일 경우가 많아요. 이때 너무 심하게 야단치거나 벌을 주면 아이 마음에 상처가 될 수 있습니다. 친구의 머리핀을 가져왔다면 '남의 물건은 허락 없이 가져오면 안 된다'고 부드러운 목소리로 이야기한 후 아이와 함께 그 친구를 만나 돌려주는 것이 좋습니다. 슈퍼에서 과자나 사탕을 그냥 들고 나왔다면 아이와 함께 다시 슈퍼에 가서 주인에게 사과를 하고 물건 값을 계산하는 것이 좋고요. 반드시 아이와 함께 이런 과정을 거쳐야 아이는 남의 물건을 말없이 가져오는 것이 옳지 못한 행동임을 알게 됩니다.

이때 아이가 떼를 쓰며 다시 돌려주기를 거부할 수도 있습니다. 이 경우 "우리 애가 고집이 너무 세서요, 가져갔다 다시 가져올게요" 하는 식으로 아이의 떼를 받아 주면 아이의 습관을 바로잡을 수 없습니다.

이 시기 아이들에게는 놀이를 통해서 소유 개념을 알려 주는 것이 좋습니다. 3~4세는 친구들과 노는 것을 즐길 나이입니다. 친구와 재미있게 놀기 위해서는 친구의 물건을 함부로 가져오면 안 된다고 이야기해 주세요. 또한 아이의 물건과 엄마 아빠의 물건을 구분하는 놀이를 통해 소유 개념을 알려 주는 것도 좋습니다. 아이에게 자신의 물건에 스티커를 붙이게 할 수도 있고, 빨래를 함께 개면서 누구의 것인지 구분해 보게 하는 것도 좋습니다. 이런 훈련을 통해 남의 물건을 가져오는 버릇을 고칠 수 있습니다.

아이가 텔레비전과 스마트폰 없이는 못 살아요

"28개월 된 남자아이를 키우고 있는데 늘 텔레비전을 끼고 살아서 걱정입니다. 한번 텔레비전을 보기 시작하면 두세 시간 동안 꼼짝도 않고 빠져 있어요. 누가 불러도 듣지 못할 정도예요. 너무 많이 본다 싶어 못 보게 하면 떼쓰고 난리가 납니다. 아직까지 별다른 문제는 없어 보이는데 이대로 계속 두어도 좋을지 걱정입니다."

* 텔레비전, 이래서 안 됩니다

이런 질문을 하는 부모들을 보면 정말 답답합니다. 텔레비전이 좋지 않다는 것을 알면서도 '어느 정도는 괜찮지 않을까?' 하는 마음으로 질문을 하는 경우가 대부분이니까요. 집안일로 정신없는데 아이가 텔레비전에 빠져 있으면 그만큼 부모는 편한 것이 사실입니다. 하지만 이러다 아이가 엄마 아빠보다 텔레비전을 더 좋아할 수 있습니다. 저는 아이가 텔레비전이나 스마트폰에 빠져 있다면서 고민하는 분들에게 이렇게 이야기합니다.

"어린 나이에 혼자서 텔레비전을 보는 것만큼 위험한 일은 없습니다. 아이를 바보로 만들지 않으려면 지금부터라도 텔레비전을 못 보게 하세요."

그래도 젊은 부모는 아이에게 텔레비전을 오래 보여 주지는 않습니다. 주의해야 할 것은, 아이를 돌보기에 힘이 부족한 조부모님이나, 아이를 건성으로 보는 베이비시터 등이 아이를 돌보다 지칠 때 텔레비전 앞에 아이를 방치하는 경우가 종종 있다는 것이지요.

저는 경모와 정모가 텔레비전이나 비디오를 볼 때 꼭 같이 보았습니다. 같이 보면서 말을 걸고, 왜 주인공이 저렇게 하는지, 그 입장이라면 어떻게 할 것인지 등 끊임없이 이야기를 나누었습니다. 텔레비전은 매체의 특성상 수동적으로 아무 생각 없이 보게 되는데, 이렇게 묻고 대답하는 과정을 통해 생각하면서 볼 수 있도록 하기 위해서였습니다.

또한 시청 프로그램도 엄격히 제한했습니다. 교육용 만화와 어린이 프로그램만 보게 했지요. 그것도 시간을 정해서 보게 했고, 텔레비전에 대한 유혹을 없애기 위해 아이들이 텔레비전을 보지 않기로 한 시간에는 연결선을 뽑아서 감춰 두기도 했습니다.

부모와 같이 보더라도 너무 오랫동안 보는 것은 좋지 않습니다. 미국의 한 연구 결과를 보면 하루 세 시간 이상 텔레비전을 본 아이들의 경우 읽기 능력이 상당히 떨어진다고 합니다. 텔레비전을 보는 시간이 많으니 읽기나 쓰기 등 다른 자극을 받아들이고 습득할 시간이 상대적으로 짧기 때문이지요.

또한 일방향적인 매체에 길들여진 아이들은 생각하는 것을 싫어합니다. 오로지 눈으로 보고 듣는 것만 좋아할 뿐 머리를 굴려서 생각하고, 그것을 말로 표현하는 일을 싫어하지요. 싫어하니 안 하게 되고, 이런 생활이 반복되면 언어 발달에도 문제가 생깁니다. 언어 발달은 다른 사람과 의사소통하는 과정에서 이루어지는데, 수동적으로 보고 듣기만 해서는 제대로 된 언어를 배울 수 없습니다.

* 수동적 학습 태도를 만드는 교육용 영상

이쯤에서 아이들에게 한글이나 영어를 가르친다고 교육용 동영상을 틀어 주는 부모들의 잘못을 지적하지 않을 수 없습니다. 언어는 그 상황에 맞는 말을 다른 사람과 주고받는 과정에서 익히는 것입니다. 그러므로 교육용 영상은 언어를 익히는 데 큰 효과가 없습니다. 오히려 화려한 자극만 좋아하게 만들 뿐이지요. 또한 이렇게 일방적으로 쏟아지는 정보를 그대로 수용하다 보면 수동적인 학습 태도가 만들어지기 쉽습니다.

특히 두뇌가 빠른 성장을 보이는 3세 이하 아이들에게는 동영상을 보는 것 자체가 학습 장애를 가져올 수 있습니다. 미국 소아과학회에서 발표한 '텔레비전 및 비디오 가이드라인'을 보면 어린 시절 영상 매체를 통해 간접 경험을 하는 것이 뇌 발달에 좋지 않다고 합니다. 또한 2세 이하의 아이에게는 아예 보여 주지 말라고 하고 있지요. 이 정도면 교육을 위해 유아용 동영상을 보여 주겠다는 생각이 쏙 들어가지 않을까 합니다.

텔레비전이나 스마트폰은 편하게 앉아서 화려한 자극을 받는 것이니만큼 중독성이 높다는 점도 문제입니다. 텔레비전이나 스마트폰에 중독성을 보이는 아이들은 한번 보면 끝장을 보려 하고, 못 보게 하면 울고불고 난리를 칩니다. 요즘 소아 정신과에는 교육용 동영상을 보다가 스마트폰 자체에 중독되어 문제가 생긴 아이들이 많이 찾아옵니다. 정말 안타까운 일이지요.

* 다른 사람과 교류를 거부하는 비디오 증후군

어느 날 한 엄마가 딸이 발달 장애가 있는 것 같다며 30개월 된 여자아이를 데리고 병원에 온 적이 있습니다. 어려서부터 영어 비디오를 많이 봤다는 이 아이는 영어 단어는 곧잘 말하는 반면 다른 발달은 또래에 비해 무척 늦었습니다. 말도 많이 늦었고, 대소변도 가리지 못했어요. 가장 큰 문제는 친구들과 놀기보다 혼자서 장난감을 가지고 놀기를 더 좋아한다는 것이었습니다.

정밀 검사 결과 '비디오 증후군'으로 확인되었습니다. 비디오 증후군이란 유아기에 영상물에 습관적으로 노출돼 일방적으로 메시지를 수용하고 지나친 시각적 자극을 받아 나타나는 유사 자폐증으로, 위의 사례에서처럼 언어 장애가 생기거나 사회성이 극도로 떨어지는 등의 증세를 보입니다. 엄마의 의도대로 영어는 알게 됐지만 그보다 더 중요한 발달을 놓치게 된 것이지요.

저는 그 엄마에게 어차피 보여 줄 거면 단순하게 행동과 말만 반복되는 비디오보다는 스토리가 있는 것을 보여 주지 그랬냐고 물었습니다. 그러자 그 엄마의 대답이 너무 명확하더군요.

"그런 것은 학습에 도움이 되지 않잖아요."

스토리가 있으면 그나마 아이가 전체 줄거리를 생각하며 보기 때문에 학습 비디오보다는 위험성이 덜합니다. 그런데 그 엄마는 '학습'이라는 환상에 사로잡혀 아이의 발달이 지체되는 것을 방치했습니다.

우선은 그 아이에게 한 달 동안 비디오를 못 보게 하고 심리 치료와 언어 치료를 병행했습니다. 한 달이 지나자 아이의 표정이 살아났습니다. 두 달 뒤에는 얼굴에 미소를 띠고 사람들에게 관심을 보이기 시작했으며 석 달 뒤에는 엄마 아빠와 적극적인 의사소통을 할 수 있는 정도까지 호전되었습니다.

* 소아 비만에 걸릴 확률도 높습니다

텔레비전이나 비디오에 푹 빠진 아이들은 언어나 사회성뿐만 아니라 신체적으로도 문제가 생길 수 있습니다. 가장 많이 발생하는 것이 소아 비만입니다. 발에 모터를 단 것처럼 여기저기 뛰어다녀야 할 나이에 가만히 앉아서 화면만 바라보고 있으니 살이 찔 수밖에요.

더군다나 요즘 아이들이 얼마나 잘 먹습니까? 좋아하는 것도 피자, 햄버거, 콜라 등 살이 찌기 쉬운 음식들이지요. 아시다시피 소아 비만은 어른의 비만과 다릅니다. 어른의 비만은 세포의 크기가 늘어나는 것이지만, 아이의 비만은 세포 수가 늘어나는 것이기 때문에 아이가 한번 비만이 되면 회복하기가 무척 어렵습니다.

텔레비전이나 스마트폰은 어른들을 위해 만들어진 매체입니다. 아이들을 건강하게 키우고, 교육을 잘 하기 위해 만든 매체가 아니라는 말입니다. 그런 만큼 아이들에게는 보여 주지 않는 것이 좋습니다. 일부 부모들은 "미디어 세상인데 어느 정도 접하게 하는 것이 좋지 않느냐"라고 하는데, 그것은 부모 편하자는 소리일 뿐입니다. 엄마가 노력하면 미디어가 보여 주는 것보다 더 큰 세상을 아이에게 보여 줄 수 있습니다.

미국 소아과 학회가 제시한 올바른 텔레비전 시청 요령 Tip

1. 시간을 정한다
텔레비전, 비디오, 게임 시간을 합쳤을 때 두 시간을 넘지 않도록 합니다.

2. 가정에서 텔레비전의 영향력을 최소화한다
거실 가구를 텔레비전 중심으로 배치하지 않습니다.

3. 시청 계획을 미리 세운다
텔레비전 편성표를 미리 파악해서, 보고 싶은 프로그램을 할 때만 텔레비전을 켜 주세요.

4. 텔레비전 시청을 상이나 벌로 이용하지 않는다
착한 일을 했을 때 텔레비전을 보여 주겠다는 약속을 하면 아이는 텔레비전을 소중한 물건으로 인식하게 됩니다.

5. 대안을 마련해서 부모가 함께 한다
운동, 독서, 그림 그리기 등 텔레비전 시청 외에 아이가 재미있게 할 수 있는 것을 함께 합니다.

6. 부모가 모범을 보인다
부모가 텔레비전을 보지 않으면 아이도 텔레비전에서 멀어지게 됩니다.

Chapter 5

놀이 & 장난감

두뇌 개발에 좋다는 교재 교구, 정말 효과 있나요?

부모들이 교육에 대해서 고민을 시작하는 아이 연령대가 점점 낮아지고 있습니다. 제 아이들이 어릴 때만 해도 아이가 자기 의사 표현을 하고 대소변을 가리기 시작할 때 놀이방이나 어린이집에 보내면서 교육에 대해 고민하기 시작하는 것이 일반적이었습니다. 당시 저는 그것도 아주 빠르고 그렇게까지 할 필요가 없다고 이야기하고 다녔지요. 그런데 요즘은 아이가 태어나자마자, 아니 배 속에 있을 때부터 고민을 시작합니다.

이런 고민의 단서를 제공하는 사람은 다름 아닌 유아용 교재 교구 판매업자들입니다. 유아교육에 대해 열변을 토하는 영업 사원들과 만나면 아무것도 안 하고 있는 부모는 자신이 정말 무책임하고 무식한 양육자라는 생각이 들게 마련입니다. 그들이 한결같이 이야기하는 것은 '우리 회사의 교재가 두뇌 개발에 좋다'는 것입니다. 그러다 보니 저는 '두뇌 개발 교재가 효과가 있느냐'는 질문을 종종 받게 됩니다.

*6세 이전의 조기교육은 엄마 아빠의 취미 생활일 뿐

이 질문에 대한 답을 궁금해하는 부모들을 위해 결론부터 말하면, 아무런 효과가 없습니다. 조기교육에 대해 질문하는 부모들에게 저는 딱 잘라서 이야기합니다. '6세 이전의 교육은 엄마 아빠의 취미 생활일 뿐'이라고요. 6세 이전 아이들은 인지능력이 발달하지 않아 교육을 해도 효과가 없을뿐더러 그 시기에 교육을 받았다고 해서 성장했을 때 그 영향이 나타난다고 장담할 수 없습니다. 무수히 많은 유아 교재 교구 회사에서는 이렇게 주장합니다.

'아이의 두뇌에는 어른들은 상상할 수조차 없는 엄청난 잠재력이 감추어져 있고, 이를 개발시키지 않으면 그 능력이 사장되어 버립니다.'

0~3세 때 아이들의 뇌가 엄청난 잠재력을 가지고 있는 것은 사실이지만, 두뇌를 몇 가지 교재 교구로 개발할 수 있다는 것은 사실이 아닙니다.

사람의 뇌는 일정한 시기가 되었을 때 순차적으로 발달합니다.

이는 높은 빌딩에서 1층부터 불이 들어오는 것을 연상하면 이해하기가 쉽습니다. 인간의 뇌를 1층에 불이 들어와야 그다음 2층에 불이 켜지고, 2층에 불이 다 켜져야 3층에 불이 켜지는 빌딩이라 생각해 보세요. 이제 겨우 1층에 불이 들어왔는데 전기불도 없이 깜깜한 3층 사무실에서 무엇을 하겠습니까. 그러므로 뇌가 준비가 되지 않은 상태에서 현란한 교재 교구로 무작정 자극을 주는 것은 아무 소용없는 일입니다.

더군다나 부작용의 위험이 있습니다. 불이 켜지지 않은 사무실에서 일하려다가 사무 집기를 망가트릴 수 있는 것과 같은 이치입니다. 조기교육으로 인한 문제로 소아 정신과를 찾는 아이들이 매년 늘고 있는 것만 봐도 그 부작용이 얼마나 심각한지 알 수 있습니다. 몇 년 전 제가 근무하는 병원에서 환자들이 소아 정신과를 찾는 주된 원인을 알아보고자 5개월간의 외래 진료 기록을 토대로 조사를 한 적이 있습니다. 그 결과 조기교육으로 인해 정신 장애 진단을 받은 아이들의 수가 약 700명이나 되었습니다. 이 숫자는 전체 소아 정신과 환자 중 3분의 1에 해당하는 것이었습니다. 이렇게 많은 수의 아이들이 조기교육에 시달리고 있습니다.

어느 분야를 막론하고 의사들이 약을 쓸 때 가장 우려하는 것이 부작용입니다. 아무리 좋은 약이라도 치명적인 부작용이 있다면 절대 쓰지 않습니다. 마찬가지로 교재 교구를 선택할 때에는 부모의 신중한 판단이 필요합니다.

* 교육 효과보다 먼저 따져 봐야 할 부작용

두뇌 개발을 앞세운 교육의 폐해는 비단 어제오늘 일이 아닌데도 그 논의가 되풀이되는 것은 아마 부모들의 불안 심리 때문이 아닌가 싶습니다. 아이가 원하지도 않는데 무엇이든 시키려고 하는 부모의 마음에는 이런 심리가 자리 잡고 있지 않을까요?

'다른 아이들도 다 한다는데 안 할 수 없지. 일단 시켜 보면 어떻게든 되겠지.'

이러면서 애써 불안감을 떨치고 마음의 위안을 얻습니다. 하지만 아이 교육에 있어서는 '어떻게든 되겠지' 같은 주먹구구식 방법은 통하지 않습니다. 99명의 아이에겐 100퍼센트 효과가 있는 교육법이 한 명의 아이에게는 치명적인 부작용을 불러일으킬 수도 있고, 그 아이가 바로 내 아이일 수 있습니다.

만일 두뇌 개발을 위해 시작한 교육이 아이에게 맞지 않을 경우 부작용은 무척 심각합니다. 아이가 정신적 부담을 받는 것은 물론이고, 실패로 인해 좌절하거나 정서 불안이 나타날 수도 있습니다. 이러한 정서적 문제는 아이의 성장에 지장을 줄 뿐만 아니라 학습 동기도 떨어트립니다.

그러므로 '옆집 아이가 하니까', '아무것도 안 하면 불안해서' 무조건 시키는 것은 정말 돈도 버리고 아이도 버릴 수 있는 일입니다. 어떤 교육이든 아이에게 교육을 할 때는 왜 이것을 시키는지 명확한 이유가 있어야 합니다. 그리고 아이가 그 교육을 좋아하는지, 소화할 수 있을 만큼 능력을 갖추었는지도 꼼꼼히 따져 봐야 합니다. 이 세 가지가 명확하지 않다면 차라리 시키지 않는 것이 좋습니다. 아이들은 자신이 원하는 자극을 스스로 찾아갈 수 있는 놀라운 능력을 지니고 있으니까요.

* 최고의 두뇌 발달 교육법

아이의 뇌는 어느 한 부분에 치중하지 않고 모든 부분이 골고루 발달합니다. 그래서 두뇌 개발에 좋다는 교재 교구처럼 시각적 자극에만 치중된 교육은 좋지 않습니다. 예를 들어 물고기에 대해 알려 주고자 할 경우에는 단순히 그림책이나 영상을 보여 주는 것보다는 함께 수족관에 가거나 연못을 찾아가서 직접 물고기의 크기를 확인하고, 만져 보게 해 주는 것이 효과적입니다.

그리고 이 시기에는 정서 발달이 중요하므로 아이가 행복하게 생활할 수 있게 해야 합니다. 그래야만 세상에 대해 알고 싶은 것이 많아지고 이는 곧 두뇌 발달로 이어집니다. 아이와 자주 따뜻한 스킨십을 나누세요. 안아 주고 눈을 맞추며 행복한 시간을 보내는 것이 정서적 안정을 가져 오고, 두뇌를 발달시키는 가장 기초적인 방법입니다. 미국의 발달 과학자 스탠리 그린스펀 박사는 사람과의 관계를 통해 제대로 된 인지 발달이 이루어진다고 주장하며 부모가 자신의 아이에 맞게 놀아 주는 기법을 가르치는 플로어타임(FloorTime) 프로그램을 개발하기도 했습니다.

전 세계적으로 모든 아이들이 좋아하는 놀이가 무엇인지 아십니까? 바로 '까꿍 놀이' 입니다. 우리나라뿐 아니라 저 멀리 아프리카와 미국에도 까꿍 놀이가 있어, 어렸을 때는 대부분 이 놀이를 하며 지냅니다. 왜 그럴까요? 이유는 단순합니다. 아이들이 깔깔거리며 좋아하기 때문이지요. 이 시기 교육도 마찬가지여야 합니다. 아이들이 좋아하는 것을 해 주는 것, 그래서 행복감을 느끼게 해 주는 것이 이 시기에 필요한 두뇌 발달 교육입니다.

핵심 정리 Tip

1. 3세까지 아이의 뇌는 어느 한 부분에 치중하지 않고 골고루 발달하므로, 시각적 자극만 강조하면 뇌 발달에 문제가 생길 수 있습니다.
2. 두뇌 개발 교재 교구를 왜 사용해야 하고, 그것이 누구를 위한 것인지 따져 보세요.
3. 6세 이전 조기교육은 부모들의 취미 생활일 뿐입니다.

어떤 장난감을 사 주어야 하나요?

아이들은 완구점을 지날 때마다 장난감을 사 달라고 조르지만, 엄마는 꼼꼼히 따져 보고 아이에게 유익한 것을 사 주고 싶어 합니다. 그러니 내 아이에게 맞는 장난감을 고르는 일도 쉬운 일은 아니지요. 게다가 아이의 두뇌 개발과 오감 발달에 좋다고 광고하는 장난감은 어찌나 많은지요. 도대체 어떤 장난감을 사 주어야 할까요?

* 상상 놀이를 돕는 장난감이 최고

두뇌 개발과 오감 발달에 좋다는 장난감이 넘쳐 나고 있지만 두 돌 이전의 아이들에게는 어떤 장난감을 가지고 노느냐가 큰 의미가 없습니다. 두뇌 발달상 두 돌 이전에는 아직 사물에 대한 개념이 없기 때문이지요. 따라서 밥 먹을 때 사용하는 밥그릇이나 엄마가 큰마음 먹고 사다 준 장난감 자동차나 아이에게는 그저 하나의 물건일 뿐입니다.

오히려 전화기나 냄비, 주걱 등 집 안에 있는 물건들이 더 좋은 장난감이 됩니다. 엄마 아빠가 물건을 사용하는 모습을 보고 따라 하면서 자연스럽게 물건의 쓰임새를 알게 되고 사물에 대한 개념도 익히게 되거든요.

부모가 아이에게 어떤 장난감을 사 주어야 하는지 본격적으로 고민해야 하는 시기는 두 돌 이후입니다. 이 시기의 아이들은 상상 놀이를 시작합니다. 상상 놀이는 실제로는 없는 것을 마치 있는 양 꾸며서 노는 것으로 상징 놀이, 가상 놀이, 역할 놀이라고도 합니다. 아이들이 상상 놀이를 한다는 것은 이전에 경험했던 것을 기억했다가 자기 나름대로 이미지화할 수 있는 능력이 생겼다는 것을 의미합니다.

그래서 이 시기 아이들은 소꿉놀이를 할 때 흙을 밥이라고 하며 먹는 시늉을 한다거나, 나무토막을 전화기 삼아 귀에 대고 이야기하기도 합니다. 또 엄마가 자기에게 했던 것을 떠올려 인형을 안고 잠을 재워 주고 우유를 먹이는 흉내를 내기도 합니다. 두 돌 때는 상상과 현실을 구분하지 못해 이런 놀이를 즐기지 못하지만 세 돌 때는 '진짜 밥'이 아닌데도 밥이라며 먹는 시늉을 할 수 있을 만큼

지능이 발달하는 것이지요.

상상 놀이를 통해 인지 발달이 이루어지고 더욱 고차원적인 언어를 사용할 수 있는 기초가 만들어집니다. 따라서 이때의 장난감은 아이들의 상상 놀이를 돕는 것이 좋습니다. 대표적인 예로 병원놀이나 소꿉놀이, 가게 놀이 등을 할 수 있는 장난감이 좋고, 여러 가지 인형 역시 도움이 됩니다.

아이 기질에 맞춰 장난감을 선택하는 것도 좋은 방법입니다. 그러면 아이는 재미있게 놀면서 기질상의 장점은 살리고 단점은 보완할 수 있게 됩니다.

① 활동적인 아이에게는?

몸을 움직여 놀 수 있는 장난감이 좋습니다. 아이가 활동적일 경우 대부분의 부모는 아이가 얌전해졌으면 하는 바람에서 퍼즐이나 인형과 같은 장난감을 사 주곤 합니다. 그러나 이런 장난감은 활동적인 아이들의 흥미를 끌지 못합니다. 그보다는 샌드백이나 타악기, 고무공 등 몸을 움직여서 갖고 놀 수 있는 장난감이 좋습니다. 단, 칼이나 총 등 사람을 공격하는 장난감은 공격성을 키울 수 있으므로 피해야 합니다.

② 고집이 센 아이에게는?

순서와 규칙이 있는 장난감이 좋습니다. 가게 놀이, 볼링 놀이 등 놀이 순서와 규칙이 있어 그것을 지켜야만 재미있게 놀 수 있는 장난감 말이지요. 이런 놀이를 통해 아이는 고집을 줄일 수 있습니다. 또 인형 놀이도 좋습니다. 인형 놀이를 통해 나 아닌 다른 대상을 돌보고 배려할 수 있기 때문입니다.

③ 말이 늦는 아이에게는?

소리 나는 장난감이 좋습니다. 멜로디언, 실로폰 등 청각에 자극을 주는 악기나 장난감 전화기 등 말을 하게 유도하는 장난감이 도움이 됩니다. 여러 가지 인형을 이용하여 아이에게 말을 걸어 주고 대답을 유도하는 것도 좋은 방법입니다.

④ 소극적인 아이에게는?

모래나 찰흙, 종이 등 형태가 정해지지 않은 장난감이 좋습니다. 소극적인 아이들은 마음속에 부정적인 감정을 담고 있는 경우가 있어요. 이때 모래나 찰흙처럼 형태가 없는 장난감으로 자기가 만들고 싶은 것을 마음껏 만들면서 자기표현을 할 수 있게 해 주면 좋습니다.

⑤ 행동이 느린 아이에게는?

작동을 하면 소리가 나거나 인형이 튀어나오는 장난감처럼 아이가 자신의 행동의 결과를 바로 확인할 수 있는 장난감이 좋습니다.

행동이 느린 아이들은 장난감에 관심을 갖지 않는 경우가 많으므로 요란스럽고 자극적인 장난감도 도움이 됩니다.

파괴적인 놀이를 즐겨요

장난감 바구니를 한순간에 엎어 장난감을 좌르르 쏟아 놓고, 블록을 높이 쌓았다가 한꺼번에 무너트리면서 깔깔거리고 좋아하는 아이들을 보면 정상인지 문제가 있는 것인지 헷갈립니다. 더군다나 얌전히 놀기를 좋아하던 여자아이가 갑자기 그런 모습을 보이면 걱정이 되게 마련이지요.

* 관심사가 넓어졌다는 증거

아이가 파괴적인 놀이를 즐긴다는 것은 그만큼 관심사가 다양해졌다는 뜻입니다. 블록을 맞추거나 쌓기만 하는 것이 아니라 그것을 무너트리면서 또 다른 재미를 느끼는 것이지요.

아이는 무너트리기 직전에 느끼는 긴장과 일정한 모양으로 정렬되어 있던 것이 무너질 때 느끼는 짜릿함에 자꾸 그 놀이를 반복하게 됩니다. 파괴라기보다는 자신의 행동이 일으킨 엄청난 변화에 스스로 놀라고 기뻐하는 것이므로 크게 걱정하지 않아도 됩니다. 아이들이 늘 그렇듯이 이런 놀이도 어느 순간이 되면 시들해져 안 하게 되니까요.

* 충분히 놀면 저절로 그만둡니다

아이가 무언가를 원할 때 그것을 실컷 하게 해 주면 스스로 그 단계의 발달을 마무리하고 다음 단계로 넘어갑니다. 이것이 아이 발달의 기본이지요. 그러므로 놀이에 있어서도 아이의 요구를 들어주면서 함께 재미있게 즐기는 것이 발달을 위해 가장 좋은 방법입니다.

엄마 아빠가 블록을 아이 키만큼 높이 쌓아 주고 아이에게 무너트리게 하면서 아이의 놀이에 동참하면 아이는 더 즐거워합니다. 반대로 놀이를 저지하면 아이는 좌절감을 갖게 되고, 모든 놀이에 자신감을 잃게 되므로 주의해야 합니다.

성기로 장난을 쳐요

32개월 남자아이 민우에게 요즘 이상한 버릇이 생겼습니다. 다른 사람 앞에서 바지를 내리고 고추를 보여 주는 일이 부쩍 늘어난 것이지요. 처음에는 귀엽게 생각하고 넘겼는데 언제부턴가 또래 여자아이 앞에서도 바지를 내리고 고추를 보여 주곤 해 엄마는 민망한 적이 한두 번이 아니었다고 해요. 또한 혼자 있을 때는 고추를 만지작거려서 여간 신경이 쓰이는 것이 아니랍니다. 왜 이런 행동을 하는지, 어떻게 해 주면 좋을지 걱정하며 민우 엄마는 병원을 찾았습니다.

이렇게 성기로 장난을 치는 아이를 보며 고민하는 부모들이 꽤 많습니다. 과연 아이들이 이런 장난을 하는 진짜 이유는 뭘까요?

* 성 정체감을 갖게 되면서 나타나는 자연스러운 현상

인간의 대표적인 본능으로 성욕과 식욕을 꼽습니다. 이것은 아이들도 마찬가지입니다. 갓 태어난 아이의 관심사는 오직 먹는 것입니다. 그러다 자라면서 조금씩 성기를 통해 쾌감을 느끼기 시작합니다. 심지어 엄마가 기저귀를 갈아 줄 때 성기를 살짝 건드리기만 해도 아이는 쾌감을 느낍니다.

돌 전후로 아이들은 자신의 성기를 만지기 시작하고, 좀 더 자라 서너 살이 되면 자신의 성기를 들여다보고 만지면서 장난을 칩니다. 일부 남자아이들은 성기 장난을 하다 발기가 되기도 합니다.

아이가 성기에 관심을 갖는 것은 자신이 남자인지, 여자인지를 확실히 알아가는 과정에서 나타나는 자연스러운 현상입니다. 이를 '성 정체감(Gender Identity)'이라고 하지요. 성 정체감을 갖게 된 아이들은 자신의 성별에 맞는 '성 역할(Gender Role)'을 배워 갑니다. 그렇게 성장해서 성인이 되면 '성적 취향(Gender Orientation)'이 만들어집니다.

성 정체감은 생후 18개월부터 발달하는데 2~3세가 되면 아이들 스스로 자신이 여자인지 남자인지 알게 됩니다. 그리고 주변의 남자들과 여자들을 모방하면서 성별에 맞는 역할을 배우지요. 이런 모방이 가장 잘 드러나는 놀이가 바로 소꿉놀이입니다. 서너 살 가량의 아이들이 모여서 소꿉놀이를 하는 장면을 보면, 어쩌면 그렇게 엄마 아빠의 말과 행동을 그대로 모방하며 노는지 감탄하게 되지요. 이는 아이들이 남자와 여자의 역할을 부모로부터 모방하고 그 차이를 인식하고 있기에 가능한 것입니다.

아이가 성기를 다른 사람에게 내보인다는 것 역시 스스로 성 정체감을 확인해 가는 과정이라고 할 수 있습니다. 성기를 보여 주며 자신이 남자임을 또는 여자임을 다른 사람에게 알리는 것이지요. 따라서 바지를 내리며 장난을 치는 것은 자연스러운 현상이며 이를 지나치게 억누르면 정상적인 성 발달에 문제가 생길 수 있습니다.

그런데 유교적 전통이 강한 우리 문화가 아직은 성적 본능을 직접적으로 표현하는 것을 꺼리기 때문에 대부분의 부모들은 아이들이 성기에 관심을 가지면 걱정을 많이 합니다. 하지만 성은 자연스러운 것입니다. 아이가 자연스럽게 성을 받아들일 수 있도록 돕는 부모의 지혜가 필요합니다.

* 적절한 제재가 필요합니다

성기로 장난을 치는 아이들의 행동은 자기 발견의 과정이며, 놀이입니다. 이런 행동은 시간이 지나면서 좋아지고 정서적으로 문제가 되는 경우도 거의 없어요. 아이의 성적 만족감은 사랑받고 있다는 안정감과 비슷한 것이므로 걱정하지 않아도 됩니다. 오히려 아이를 심하게 야단치거나 스트레스를 주면 성욕을 금지당한 어른처럼 위축되고 맙니다.

하지만 아이들이 성기를 가지고 심하게 장난하거나 너무 자주 보여 줄 때는 아이가 불안을 느끼지 않는 범위 내에서 적절히 제재를 해야 합니다. 아무리 아이들이라고 해도 성기를 보여 주는 행동

성기로 장난칠 때 하지 말아야 할 세 가지 Tip

1. "더러운 거야", "나쁜 행동이야" 하며 아이를 비난하는 일. 이는 아이에게 죄책감을 갖게 합니다.
2. "고추가 떨어진다"와 같은 거짓말로 아이를 위협하는 일. 실제로 고추가 떨어지지 않기 때문에 부모에 대한 불신감을 갖게 됩니다.
3. 때리거나 야단치기. 자신의 몸에 대한 부정적인 생각을 갖게 될 수 있습니다.

성기로 장난칠 때 해야 할 다섯 가지 Tip

1. "더러운 손으로 자꾸 만지면 고추가 아파. 그러면 병원에 가서 주사 맞아야 해"라는 식의 부드러운 말로 타이르기.
2. 마음의 안정을 찾도록 자주 안아 주고 사랑을 표현하기.
3. 매일 아이와 놀아 주고 책을 읽어 주는 등 아이와 함께하는 시간을 늘려 관심을 다른 곳으로 돌려 주기.
4. 손으로 가지고 놀 수 있는 장난감으로 흥미를 분산시키기.
5. 성교육 내용의 동화책을 보여 주며 올바른 성교육을 하기.

은 주변 사람을 민망하게 하니까요. 또한 사회 구성원으로서 어느 정도 성적인 본능을 억제하는 것도 배워야 하기 때문입니다.

이때는 재미있는 놀이를 제안해 아이의 관심을 다른 곳으로 유도하거나 "고추를 너무 많이 만지면 아플 수 있어", "고추는 소중한 곳이니까 함부로 보여 주면 안 돼" 하며 가볍게 억제해도 대부분의 아이들은 행동을 그만두고 다른 것으로 관심을 돌리곤 합니다.

* 성기 장난 외에 재미있는 것이 없는 아이들

아이에게 뭔가 심리적인 문제가 있거나 양육 환경이 나쁜 경우, 성기로 장난하는 것 이외의 흥밋거리를 주변에서 찾을 수 없어 자꾸 성기에만 매달리는 경우도 있습니다. 때로는 심한 자위행위로까지 발전하게 되지요. 저에게 찾아오는 아이들 중에도 이런 아이들이 종종 있는데, 성기로 하는 장난 이외에는 재미있는 것이 없는 아이들이 참으로 불쌍하게 여겨집니다. '또래의 다른 아이들은 세상 모든 것에 호기심과 흥미가 많은데, 이 아이들은 여기에 얽매여 있구나' 하는 마음에 안타까울 따름이지요.

엄마와 떨어져 할머니 댁에서 지내거나 동생을 낳아 엄마가 자기를 돌봐 주지 못하는 등 엄마로부터의 사랑에 이상이 생기는 경우, 아이가 일시적으로 성기에 집착하기도 합니다. 이때는 환경이 좋아지면 다시 예전 그대로 돌아오므로 아이에게 더 많은 사랑과 관심을 기울여 주는 것이 좋아요. 만일 성기로 장난을 치는 아이를 혼내고 윽박지르거나, 억지로 못 하게 하면 불안한 마음에 오히려 더 집착하게 되므로 주의해야 합니다.

Chapter 6

교육기관

어린이집이나 유치원 등 보육 시설이나 교육기관에 보낼 때 유의해야 할 점이 있을까요?

무엇보다 아이의 준비 정도가 중요합니다. 아이가 집 밖이라는 낯선 상황에서 무리 없이 적응할 수 있을 정도로 몸과 마음이 성장했는지 따져 봐야 하는 것이지요. "여기에서는 영어를 가르친다더라", "저기는 가베를 한다더라" 하며 어디에 보낼 것인지를 고민하기 전에 내 아이의 상태부터 살펴야 합니다.

가장 먼저 생각해 볼 것은 아이의 나이입니다. 딱 몇 개월이라고 못 박을 수 없지만 여자아이의 경우는 적어도 24개월은 넘어야 합니다. 남자아이들은 여자아이보다 발달이 늦기 때문에 이보다 1년은 더 있다 보내는 것이 좋습니다. 발달과학자들의 연구에 따르면 두 돌 이전에 낯선 곳에 보내는 것 자체가 아이의 뇌 발달에 별로 좋지 않다고 합니다. 그래서 보통 성별을 불문하고 36개월 정도를 적당한 시기로 보고 있습니다.

하지만 나이가 절대적인 기준은 아닙니다. 아이에 따라 36개월이 넘어도 적응을 못하고 힘들어할 수 있습니다. 그러니 가장 중요하게 생각해 봐야 할 것은 아이의 상태입니다.

저는 경모를 낳은 후에도 계속 일을 해야 했기에 베이비시터 할머니께 아이를 맡겼습니다. 할머니가 매일 저희 집에 오셔서 경모를 돌봐 주셨지요. 그러다 경모가 36개월을 넘겼을 때 교육기관에 보내기로 결정하였습니다. 아이의 몸과 마음이 준비가 되었다는 판단에서였지요. 그때 저는 집 주변에 있는, 경모가 갈 만한 교육기관은 모두 찾아다니며 상담을 했습니다. 까다롭고 예민한 경모가 잘 적응할 수 있는 곳을 찾기 위해서였지요.

반면 둘째 정모 때는 훨씬 수월하게 교육기관을 결정했습니다. 형과 달리 외향적이고, 배우는 것에 욕심이 많아 어디서든 잘 적응하리라는 생각 때문이었지요. 그래서 집에서 가깝고, 안전한 보육과 놀이식 학습을 하는 곳을 찾아 보냈습니다. 이처럼 교육기관을 선택할 때는 아이의 상태를 최우선으로 해야 합니다.

만약 부득이하게 아이가 준비되지 않은 상태에서 기관에 보내야 한다면 아이가 제대로 적응하지 못할 수 있다는 것을 염두에 두어야 합니다. 특히 예민한 아이의 경우 적응을 빨리 못할 수 있는데 그럴 때 아이를 나무라면 절대 안 됩니다. 아이가 너무 못 견뎌 하고, 잠도 잘 못 자는 등의 모습을 계속해서 보이면 도우미를 구하는 등의 다른 방법을 강구하는 것이 좋습니다. 예민한 아이는 낯선 곳에 가면 스트레스 호르몬이 급격히 증가해 두뇌 발달에 악영향을 미칠 수 있기 때문입니다.

* 따뜻한 보육과 재미있는 학습이 선택 기준

교육기관을 선택할 때는 시설이나 프로그램보다 먼저 선생님의 자질을 따져 봐야 합니다. 아무리 좋은 시설과 훌륭한 프로그램이 있어도 그것을 어떻게 활용하느냐 하는 것은 선생님에게 달려 있기 때문입니다. 그런 의미에서 주의해서 봐야 할 것은 선생님의 근속 기간입니다. 아이를 보냈는데 선생님이 자주 바뀌면 애착 발달에 안 좋은 영향을 미칠 수 있습니다. 또 한 선생님이 맡고 있는 아이의 수가 너무 많은 것도 별로 좋지 않습니다. 만약 그런 문제가 없다면 되도록 전인교육을 하는 곳을 선택하세요. 전인교육은 쉽게 이야기하면 아이를 제대로 보호해 주면서, 재미를 주고, 또래와의 어울림 속에서 규칙을 익히게 하는 것입니다. 이 시기의 아이들은 놀이를 통해 모든 것을 배우기 때문에 아이들을 잘 놀게 해서 사고력과 창의력을 키울 수 있게 해 주는 선생님이 있는 곳이면 어디든 괜찮습니다.

적어도 한글이나 영어 같은 특정 과목에 비중을 많이 두고 있는 교육기관에 보낼 필요는 없습니다. 3~4세에 가장 필요한 배움은 긍정적인 자아상을 만들어 세상을 행복한 곳으로 느끼게 만드는 것입니다. 학습만 강조하는 교육기관은 아이에게 '기술'은 가르쳐 줄 수 있을지언정 마음가짐을 길러 줄 수는 없습니다. 가령 미술에 재능이 있어 미술 교육을 시킬 때도 마찬가지입니다. 우선은 단순히 그림을 잘 그리는 기술보다는 세상을 자신만의 시각으로 보고 표현할 수 있는 사고력과 창의력을 길러 주는 것이 무엇보다 중요합니다. 이것은 어린 시절 따뜻한 보육과 재미있는 놀이를 통해서만 가능한 것입니다. 따라서 주변의 입소문에 따라 덜컥 아이를 보낼 것이 아니라 요모조모 잘 따져 보는 현명함이 필요합니다.

교육기관을 선택할 때 따져 봐야 할 것

1. 위생적이고 안전한 곳인가?
2. 분위기가 밝고 편안한가?
3. 교육 프로그램이 아이의 발달 과정과 맞는가?
4. 채광 상태가 좋고 환기가 잘되는 곳인가?
5. 아이들이 뛰어놀 공간은 충분한가?
6. 화장실 등의 시설이 아이들이 쉽게 이용할 수 있게 되어 있는가?
7. 교사 1인당 아이의 비율은 적당한가?
8. 교사와 부모 간 상담을 수시로 할 수 있는 곳인가?
9. 교사가 아이를 배려하는 따뜻한 마음을 가지고 있는가?
10. 교사의 이직율이 높지는 않은가?

36개월 이전 아이,

놀이방에 가지 않으려고 해요

30개월 된 성준이는 매일 아침 엄마와 철석같은 약속을 한다고 합니다. 놀이방에서 엄마와 헤어질 때 절대로 울지 않겠다고 말이에요. 그런데 놀이방 앞에만 서면 언제 그랬냐는 듯 엄마한테 매달려 놀이방에 가지 않겠다며 울곤 합니다. 때로는 억지로 떼어 놓기도 하는데 우는 아이를 뒤로하고 돌아서면 엄마의 마음도 편치 않다고 하네요.

* 엄마와 심리적 분리가 안 되어 나타나는 현상

맞벌이 때문에, 동생이 태어나서, 아이가 심심해해서 등 여러 가지 이유로 36개월이 되기 전에 아이를 놀이방에 보내는 부모들이 많습니다. 발달심리학에서는 아이가 오랜 시간 엄마와 떨어져 생활할 수 있는 시기를 36개월 이후로 보고 있습니다.

세상에 태어난 아이는 자신의 모든 것을 엄마에게 의존합니다. 엄마의 도움이 있어야만 살아갈 수 있고, 한 발자국이라도 이동할 수 있으니까요.

그러다가 걸음마를 하게 되면서 슬슬 엄마와 떨어지는 연습을 시작합니다. 이때 몸은 엄마와 떨어져도 마음은 아직 떨어지지 못합니다. 그래서 신기한 것을 좇아 앞으로 뛰어가다가도 뒤를 돌아보며 엄마가 있나 없나 확인합니다. 그러고는 엄마가 눈에 들어오면 안심하고 다시 앞으로 뛰어갑니다. 당장 내 눈앞에는 안 보여도 내가 뒤돌아보면 엄마가 있다는 사실을 알 수 있을 정도로 인지가 발달한 것이지요. 그러나 아직은 엄마가 눈앞에 없을 때 혼자 행동하는 시간이 길지는 않습니다.

이 시기에 엄마에 대한 믿음이 강하면 아이는 엄마 이외의 사람과 사물에 대한 호기심을 마음껏 발휘합니다. 한껏 자유로워진 몸으로 이곳저곳을 돌아다니게 되지요. 반대로 엄마에 대한 믿음이 약할 경우에는 계속 엄마 옆에 머물며 떠나려 하지 않습니다. 엄마들 중에는 아이가 엄마를 뒤로하고 앞으로 뛰어갈 때 어떻게 하나 보겠다는 생각에 슬쩍 숨는 사람도 있습니다. 아이의 행동을 재미있어하며 쳐다보고 있다가 아이가 울음을 터트리면 그제야 나타나서 안아 주곤 하지요. 하지만 이것은 정말 잘못된 행동입니다. 엄마가 자신을 지켜 준다는 믿음을 가지고 세상 탐험을 시작했는데 엄마가 자신을 지켜 주지 않으면 아이는 상당한 배신감을 느끼게 됩니다. 이런 일을 겪은 아이는 엄마를 떠나는 것은 불안한 일이라고 생각하고 절대 엄마와 떨어지지 않으려 합니다. 엄마에겐 재미있는 장난이 아이에겐 불안의 씨앗이 되는 셈이지요.

정상적인 발달 과정을 거쳐 온 아이라면 30~36개월에 엄마와 심리적으로 떨어지는 것이 가능해집니다. 엄마가 눈에 보이지 않아도 엄마에 대한 일정한 상이 아이 마음속에 자리 잡기 때문입니다. 이를 '대상 항상성'이라고 합니다. 이 시기의 아이들은 엄마와 헤어지더라도 언젠가는 엄마와 다시 만날 것을 알게 됩니다. 그래서 36개월 이후에 놀이방이나 어린이집에 보내면 대부분의 아이들은 무리 없이 적응을 하게 되지요.

36개월 이전에 교육기관에 보낼 경우에는 아이의 심리적 분리가 완전하지 않은 상태에서 엄마와 떨어져야 하기 때문에 여러 가지 문제들이 나타나게 됩니다. 성준이처럼 울며 안 가겠다는 아이도 있고, 놀이방에 가긴 하지만 구석에 쭈그리고 있거나 다른 아이들의 놀이를 방해하는 좋지 않은 행동을 보이는 아이도 있습니다. 이때 아이의 행동을 무조건 나무라기보다는 엄마와 떨어져야 하는 아이의 불안한 마음을 이해하고 달래 주어야 합니다.

* 놀이방 시설보다는 선생님 인품이 먼저

어쩔 수 없이 놀이방에 가야 하는 경우에는 놀이방 선택을 신중하게 해야 합니다. 이때 중요한 것은 놀이방 시설이나 교육 프로그램이 아닙니다. 선생님이 얼마나 아이들을 잘 이해하고 감싸는지가 가장 중요합니다. 대부분의 놀이방은 가정집에 마련되어 있습니다. 이는 아직 어린아이들이 집과 같은 편안한 환경에서 안정감을 느끼도록 하기 위해서입니다. 그렇다면 선생님 역시 엄마처럼 푸근한 분이어야 합니다.

교육 프로그램을 자랑하는 곳은 그 프로그램을 운영하기에 여념이 없어 아이들의 마음을 잘 보듬어 주지 못하는 경우가 많습니다. 시설이 좋은 곳은 그 시설이 보여 주기 위한 것인지, 정말 아이들에게 필요한 것인지 잘 따져 봐야 합니다. 보여 주기 위한 곳은 선생님들이 시설을 유지하고 꾸미는 데 많은 공을 들이게 되므로 아이들에게 소홀할 수 있습니다. 시설은 가정집처럼 깨끗하기만 하면 됩니다.

* 아이에게 적응할 시간을 충분히 주세요

아이를 놀이방에 보내는 초기에는 아이와 함께 가서 선생님이 수업하는 모습이나 아이들이 노는 모습을 지켜보는 것이 좋아요. 처음에 두 시간 정도 함께 있었다면, 다음에는 한 시간, 그 다음에는 30분으로 함께 있는 시간을 조금씩 줄이면서 헤어지는 연습을 하도록 하세요. 엄마가 바쁘다고 하여 이런 적응 시간을 충분히 갖지 못하면 아이가 힘들어할 수도 있습니다. 아이와 헤어질 때는 엄마의 손수건이나 열쇠고리 등 엄마를 연상할 수 있는 물건을 쥐어주는 것도 좋은 방법입니다. 이렇게 한 달 정도만 하면 아무리 적응을 어려워하는 아이라도 놀이방 생활에 어느 정도 익숙해지게 됩니다. 단 적응하는 시간은 한 달을 넘기지 않는 것이 좋고, 그 이후에도 적응을 힘들어하면 다른 문제가 없는지 살펴봐야 합니다.

* 인사하며 헤어지고, 즐겁게 맞이하기

놀이방 앞에서 울며불며 안 떨어지려는 아이를 던져 놓듯이 선생님에게 맡기고 나오는 것은 좋지 않습니다. 또 아이가 노는 틈에 몰래 빠져나오는 것도 좋지 않아요. 하루 이틀은 괜찮을지 몰라도 계속되다 보면 아이는 불안감을 가질 수 있습니다. 아이가 울 경우에는 충분히 달래 주고, 엄마와 왜 헤어지는지, 언제 만나는지 말씀해 주세요. 그리고 헤어질 때는 아이와 얼굴을 마주 보고 인사를 한 후 헤어지도록 하시고요. 아이가 울고 있는 상태에서 선생님에게 맡기더라도 아이에게 "사랑한다"는 말과 "엄마 간다"는 이야기를 꼭 해 주도록 하세요. 아이가 놀이방에서 돌아왔을 때는 즐겁게 맞이하면서 엄마가 보고 싶었는데도 꾹 참고 놀고 왔다는 것을 칭찬해 주세요.

* 너무 힘들어하면 보내지 마세요

아이가 놀이방에 가지 않으면 사회성이 떨어지지 않을까 걱정하는 부모들이 많습니다. 그래서 아이가 힘들어하는데도 억지로 보내려고 하지요. 하지만 이 시기는 아직 사회성 발달이 미미한 시기입니다. 놀이방에 가서도 친구들과 어울려 놀기보다는 혼자 노는 경우가 많습니다. 네 돌이 지나야 친구들과 노는 재미도 알고 사회성도 발달하게 됩니다.

한 달이 넘게 적응을 시도했는데도 안 되면 보내지 않는 것이 좋습니다. 무리하게 보내면 나중에 유치원이나 학교에 보낼 때도 똑같은 어려움을 겪게 됩니다. 아이가 놀이방 적응에 실패한 경험을 많이 쌓는 것보다는 집에 있는 것이 좋습니다. 그럼에도 불구하고 꼭 놀이방에 보내야 하는 상황이라면 전문의와 상담을 통해 놀이방을 싫어하는 구체적인 원인을 밝혀내고 그것을 고친 후 보내는 것이 좋습니다.

36개월 이후 아이, 유치원에 가기 싫어해요

유치원에 보낸 지 몇 달이 되었는데도 적응을 못 하고, 매일 아침 엄마와 떨어지지 않겠다며 떼를 쓰는 아이를 보면 부모는 여러 생각이 교차합니다. '그래, 싫다는데 보내지 말자'라며 느긋하게 생각하다가도 '이러다 계속 가지 않으려고 하면 어쩌지?', '혹시 우리 아이 성격에 문제가 있는 것 아닐까?'하며 복잡한 기분에 빠집니다.

유치원에 다니는 것을 싫어해 벌써 1년 가까이 집에서 엄마와 지내고 있다는 42개월 유빈이. 유빈이 엄마는 아이가 집에 있을 때도 엄마가 잠시라도 눈에 보이지 않으면 울면서 찾고, 달려가 안아 주면 몇 년 만에 만난 것처럼 더 서럽게 운다며 고민을 털어놓았습니다. 더군다나 5개월 된 둘째가 있어 엄마는 육체적으로나 정신적으로나 너무 힘들다며 눈물까지 보였습니다.

* 부모와 애착 형성이 안 되어 나타나는 분리 불안

유치원에 간다는 것은 아이 입장에서 보면 집이라는 익숙한 환경에서 벗어나 엄마가 아닌 낯선 사람들과 함께 지내야 하는 새로운 도전이라 할 수 있습니다. 어떤 아이들은 새로운 공간과 친구들을 좋아하며 즐거워하기도 하지만, 또 어떤 아이들은 이런 상황에서 스트레스를 받기도 합니다.

특히 어렸을 때 부모와 애착이 충분히 형성되지 않은 아이들은 엄마와 떨어져 유치원에 가는 것을 힘들어할 수 있습니다. 아이가 태어나서 36개월까지는 부모와 아이 사이에 애정과 믿음을 쌓는 매우 중요한 기간으로 이때 형성된 애착은 이후 정서 발달에 큰 영향을 끼칩니다. 부모와 안정적인 애착을 쌓은 아이는 세상에 대한 믿음이 생겨 엄마가 없는 곳에서도 잘 적응하게 됩니다. 반면 애착 형성이 잘되지 않은 아이들은 유치원에 가는 것을 엄마에게서 버림받는 것으로 생각해 가지 않으려 합니다.

또한 아이를 과잉보호하는 가정환경도 유치원에 가기 싫어하는 원인이 됩니다. 가정에서 과잉보호를 받은 아이들은 지나치게 의존적이고 융통성이 없어 엄마나 가족이 없는 공간에서는 심한 불안을 느끼게 되는 것이지요.

어른이나 아이나 낯선 환경에서 불안을 느끼는 것은 자연스러운 현상입니다. 그러다 시간이 지나면서 불안감은 줄어들고 새로운 환경에 적응해 갑니다. 그런데 시간이 지나도 유치원에 적응을 못 하고 엄마와 떨어지는 것을 불안해한다면 '분리 불안 장애'로 볼 수 있습니다. 이런 아이는 유치원이 싫은 것이 아니라 엄마와 떨어지기가 두려운 것으로 전문의의 상담과 치료가 필요합니다.

유빈이의 경우는 진단 결과 분리 불안 장애로 나타났습니다. 유빈이는 부모님이 맞벌이를 하느라 어렸을 때부터 할머니 손에서 자랐습니다. 동생이 태어나면서 엄마가 두 아이의 양육을 도맡았는데, 그때부터 엄마와 떨어지지 않으려는 행동이 나타났고, 둘째로 인해 엄마의 사랑을 많이 받지 못해 분리 불안이 나타난 것입니다.

* 유치원 생활 자체를 싫어하는 경우도 있어요

엄마와 떨어지는 것이 싫은 게 아니라 유치원 자체를 싫어하는 아이들이 있습니다. 이때는 아이가 왜 싫어하는지 이유를 따져 봐야 합니다. 유치원에서 진행되는 학습이 아이에게 부담이 되는지, 또래 친구들과 다툼이 있었는지, 유치원 선생님이 아이를 잘 돌봐주지 못해서 그런 것인지 등 아이가 힘들어하는 부분을 확인해야 합니다. 유아기 아이들은 아주 사소한 일에도 마음 아파할 수 있으므로 "뭘 그런 것 갖고 그러니?" 하며 아이들의 말을 무시하기보다는 함께 고민하고 해결할 수 있는 방법을 찾아야 합니다.

유치원이 너무 학습 위주로 프로그램을 운영한다거나 선생님의 자질에 문제가 있을 경우에는 유치원을 옮기는 것도 방법입니다. 단, 이때에는 아이가 새로운 유치원에 잘 적응할 수 있는지 판단해야 합니다. 친구들 사이에 갈등이 있을 때는 아이의 말을 잘 들어주고, "너는 그 친구에게 어떻게 하고 싶은데?" 하며 아이와 함께 적절한 해결 방법을 찾는 것이 좋습니다.

유치원에서 지켜야 하는 규칙들을 힘들어하는 아이들도 있습니다. 성격이 활발하고 자유분방한 아이들은 화장실에서 줄을 서거나, 수업 시간에 조용히 있어야 하는 것을 싫어할 수 있지요. 사회규범을 가르치는 일은 아이가 싫다고 하여 피할 수 있는 일이 아닙니다. 이때는 규칙이 왜 필요한지, 지키지 않으면 어떻게 되는지를 아이에게 알려 주는 것이 좋습니다. 이런 과정을 통해 아이들은 가정이라는 작은 공간에서 벗어나 사회에서 필요한 행동 규칙을 익히게 됩니다.

* 헤어질 때는 다정하지만 단호하게

아이들 중에는 엄마와 떨어질 때는 심하게 울다가도 엄마와 떨어진 후 흥분을 가라앉히고 나서는 언제 그랬냐 싶게 잘 노는 아이들이 있어요. 이 경우는 분리 불안이 아닙니다. 헤어지는 연습이 잘 안 되어서 그런 것이지요. 이때 아이가 우는 모습을 보고 마음 아파하거나 당황하는 모습을 보여 주면 아이는 더 크게 울어 버립니다. 그렇게 해서 한두 번 유치원에 가지 않게 되면 아이는 '아! 이렇게 하면 되는구나' 하고 생각하고 계속 울게 되지요.

유치원에 가기 전에 아이에게 왜 엄마와 떨어져 있어야 하는지, 유치원에서는 무엇을 하게 될지, 엄마는 그동안 무슨 일을 하는지, 엄마가 언제 다시 오는지에 대해 차근차근 이야기해 주세요. 이야기할 때는 다정하지만 단호한 말투로 해야 합니다. 엄마가 자신 없는 모습을 보이거나, 미안해하면 아이는 엄마와 헤어진다는 사실을 인정하기 싫어 울며 떼를 쓰게 됩니다. 부모가 유치원에 꼭 가야 한다는 원칙을 정하고 지키면 아이도 따를 수밖에 없습니다.

간혹 엄마가 아이와 헤어지는 것을 더 힘들어하는 경우도 있어요. '다른 아이들 틈에서 스트레스를 받지는 않을까?', '아직 어린 애라 더 챙겨 줘야 하는데' 하는 마음을 갖고 있어 아이와 헤어질 때 엄마가 먼저 불안한 모습을 보이는 것이지요. 그러면 아이 역시 엄마의 그 마음을 그대로 받아들여 멀쩡한 아이도 유치원 가는 것을 힘들어하게 됩니다. 아이에 대한 걱정을 붙들어 매고, 부모 품을 벗어나 더 넓은 사회로 나아갈 수 있게 아이를 이끌어 주세요. 그것이 아이에 대한 올바른 사랑입니다.

* 분리 불안의 최고 치료법은 사랑입니다

아이들이 일시적으로 유치원에 가기 싫어하는 경우는 앞에서 이야기한 방법을 통해 변화시킬 수 있습니다. 하지만 애착 형성에 문제가 있어 분리 불안이 나타난 경우에는 적절한 치료가 필요합니다. 분리 불안은 자연적으로 없어질 수 있지만 제2의 불안 장애로 이어질 수도 있습니다. 예를 들어 타인에 대한 공포증이 나타나기도 하고, 쓸데없는 상상을 많이 하게 되어 과잉 불안 장애로 이어지기도 합니다. 또한 독립성을 가져야 할 나이에 엄마에게 의존하게 되어 친구를 사귀지 못합니다. 이때 또래들 역시 분리 불안이 있는 아이를 어리게 보고 놀려고 하지 않아 아이가 더욱 위축됩니다.

이때 최고의 치료법은 아이에게 '사랑한다'는 메시지를 끊임없이 보내는 것입니다. 그중에서도 가장 좋은 방법이 스킨십입니다. 유아기 아이들은 스킨십을 많이 요구합니다. 유아기 때 스킨십이 부족했던 아이들은 초등학생이 되어서도 스킨십을 원하게 됩니다. 분리 불안이 있는 아이들의 경우는 과하다 싶을 정도로 안아 주고, 물고 빨아 주는 것이 좋습니다.

아이와 있을 때는 다른 일은 접어 두고 오직 아이한테만 관심을 쏟아 주세요. 그와 동시에 조금씩 엄마와 떨어져 있는 연습을 시키는 것입니다. 친척이나 다른 가족과 생활하게 해 보는 것도 좋고, 이웃집 친구들과 놀 수 있는 기회를 많이 만들어 주는 것도 좋습니다. "엄마 잠깐 저쪽에 갔다 올 동안 혼자 있을 수 있어?" 하고 물어 본 후 다녀와서는 꼭 안아 주며 칭찬을 듬뿍 해 주시고요. 아이가 부모로부터 사랑받고 있다는 것을 느끼면 애착 형성이 잘 안 되어 생기는 문제는 대부분 해결됩니다.

병원에서는 주로 놀이 심리 치료를 하게 됩니다. 아이가 치료사와 친해지기 전까지는 엄마도 함께 들어와 아이와 같이 노는 것이 좋습니다. 그 후 아이가 치료사와 함께 있는 것에 익숙해지면, 조금씩 떨어지는 연습을 한 후 엄마 없이 치료사와 놀게 하세요.

분리 불안 장애 체크리스트 Tip

1. 유치원에 보낼 때 울음을 터트린다. ☐
2. 엄마가 자신의 시야에서 사라지면 불안해한다. ☐
3. 유치원에 가기 싫다는 말을 자주 한다. ☐
4. 유치원에서 있었던 일을 잘 이야기하지 않는다. ☐
5. 유치원에서 있었던 일 중 부정적인 일만 이야기한다. ☐
6. 내일 유치원에 가야 한다고 이야기하면 싫어한다. ☐
7. 유치원보다 엄마와 있는 것이 좋다고 자주 이야기한다. ☐
8. 유치원에 가기 싫다고 떼를 쓴다. ☐
9. 유치원에 갈 때 배가 아프다거나 머리가 아프다고 한다. ☐
10. 유치원에서 돌아오면 내일은 안 가겠다고 한다. ☐

결과 : 이 중 체크 항목이 3개 이하면 정상, 4~7개면 주의를 요하는 상황, 8개 이상이면 분리 불안 장애가 의심된다.

남편, 시댁과 함께 아이 키우기

Tip

까다로운 경모를 키우는 것은 초보 엄마인 저에게 결코 쉬운 일이 아니었습니다. 게다가 한창 병원 일이 바빴을 때라 아이에게 소홀할 때도 많았지요. 그래서인지 경모는 심하게 보채면서 출근하는 저를 붙들고 매달리곤 했습니다.

그때 저는 '가슴이 아프다'라는 말을 절감할 만큼 실제로 가슴에 통증을 느꼈습니다. 아픈 아이를 뒤로 하고 출근을 할 때면 '내가 지금 잘하고 있는 것인가' 하는 회의감마저 들었어요. 경모는 저와 떨어져 있는 시간을 힘들어했고, 그 때문인지 유치원 적응도 어려워했습니다. '일을 계속 해야 하나 말아야 하나' 고민하던 순간 이런 생각을 하게 되었습니다.

'아이를 기르는 일은 나 혼자서 해결할 수 있는 것이 아니다. 아이를 키우는 데 한 마을이 필요하다는 말이 있지 않은가.'

육아의 중심은 엄마인 내가 되어야 하지만 그것이 힘에 부칠 때는 주변 사람들을 조력자로 만들어야 한다는 결론에 이르렀습니다. 엄마의 사랑만으로 아이의 욕구가 채워지지 않을 경우 다른 사람들로부터 사랑을 듬뿍 받으면 어느 정도 해결될 수 있을 것이라고요. 그리고 그 방법은 경모가 남편이나 시댁 어른과 될 수 있으면 많은 시간을 보내게 하는 것이었습니다.

물론 아이보다 자기 일을 더 좋아했던 무심한 남편과 시부모님을 육아에 참가시키는 것은 결코 쉬운 일이 아니었지만 나와 내 아이를 위해서 모두 참고 노력했습니다. 남편에게는 아이와 목욕하는 일, 함께 노는 일 등 쉬운 일부터 하게 했고, 매년 휴가 때면 휴가 기간 내내 아이를 데리고 부산에 있는 시댁에 내려가 지냈습니다. 주말이면 아이 고모나 삼촌 집에도 놀러 갔고요.

그렇게 경모는 할아버지 할머니의 사랑을 듬뿍 받고 자랄 수 있었고, 또래 아이들과 달리 할아버지 할머니에 대한 특별한 애착을 키울 수 있었습니다. 고모나 삼촌들에게도 마찬가지였습니다. 그리고 사랑이 충분해서인지, 어느 순간부터 경모는 씩씩하게 엄마와 떨어져서 유치원에 갈 수 있게 되었습니다.

Chapter 7

형제 관계

외동이라서 그런지 고집이 세요

사람들은 흔히들 외동이면 고집이 셀 것 같다고 생각합니다. 하지만 정신의학적으로 봤을 때 외동은 오히려 축복일 수 있습니다. 형제가 많으면 자연스럽게 부모의 관심이 흩어지기 마련인데 외동은 부모의 관심을 독차지할 수 있기 때문입니다. 그러므로 단지 외동이라는 이유로 편견을 가지거나 지레 걱정할 필요가 없습니다. 단, 주의할 것이 있습니다.

* 일부러라도 적절한 좌절을 경험하게 하세요

아이들은 발달에 있어 '적절한 좌절'을 필요로 합니다. 약간의 결핍이나 부족함 때문에 좌절을 느끼고, 다시금 그것을 얻기 위해 노력할 때 성장이 촉진된다는 말입니다. 아무런 부족함이 없으면 아이는 그 어떤 발달의 필요성도 느끼지 못합니다. 특히 사회성 발달이 그러합니다. 아이는 동생이 생길 경우 위기의식을 느끼게 됩니다. 엄마 아빠가 동생만 사랑하지, 더 이상 자신을 사랑하지 않는다고 느끼기 때문입니다. 그래서 떼를 쓰고, 화를 내고, 엄마 몰래 얄미운 동생을 꼬집어도 봅니다. 하지만 그러면 그럴수록 엄마 아빠한테 혼이 나게 되죠. 그러한 과정을 통해서 아이는 자연스럽게 사랑받기 위해서는 어떠한 행동을 하는 게 좋은지, 어떤 행동을 하면 안 되는지 스스로 터득하게 됩니다.

그런 경험을 한 아이는 유치원에 가서 다른 아이들과 어울릴 때도 어떻게 해야 좋을지를 빨리 터득하게 됩니다. 경쟁할 때는 경쟁하고, 누가 때리면 스스로를 적절히 보호할 줄도 알고, 싸울 때도 협상을 할 줄 알게 되는 것이지요. 힘으로 안 될 것 같아 보이면 슬쩍 피하기도 합니다. 하지만 적절한 좌절을 통해 배움과 성장의 기회를 갖지 못한 아이는 유치원에서 다른 아이들과 잘 어울리지 못할뿐더러 문제가 생기면 그냥 어쩔 줄 몰라합니다.

그러므로 외동의 경우 아이에게 적절한 좌절을 통한 배움의 기회를 일부러라도 제공할 필요가 있습니다. 이를테면 사촌들과 어울릴 때 한판 붙는다 해도 무조건 말리지 말고 그냥 두는 것도 방법입니다. 그러면서 "걔는 어떻게 생각할 것 같아? 엄마는 네가 걔랑 잘 지냈으면 좋겠는데"라는 식의 이야기를 계속 해 주면 아이는 자신이 어떻게든 사촌과 관계를 잘 풀어야 한다는 걸 파악하게 됩니다. 유치원에서 아이가 친구와 싸우고 들어와 울어도 "엄마가 해결해 줄게"라며 바로 나서는 대신 우선은 "걔가 무슨 말을 했을 때 네가 속상한 마음이 들었어? 그 아이랑 앞으로 어떻게 하면 잘 지낼 수 있을까?" 등의 물음을 던지며 아이에게 스스로 문제를 해결할 기회를 주는 것이 좋습니다.

그러나 외동이든 아니든, 다른 아이들과 잘 지내지 못하고 이기적이라면 엄마와의 애착에 문제가 있는 것은 아닌지 살펴볼 필요가 있습니다. 엄마가 아이를 다룰 때 정서적 지지를 잘 못해 주거나 억압을 하게 되면 아이는 타인에 대한 공감 능력이 떨어져 배려를 할 줄 모르게 됩니다. 그냥 자신의 것만 고집함으로써 남들 눈엔 이기적인 아이로 비치게 되는 거죠. 그럴 때는 아이를 야단치지 말고, 애착 문제를 해결하는 것이 먼저입니다.

어린 동생을 못살게 굴어요

둘째가 태어난 집에서는 동생을 괴롭히고 때로는 동생의 젖병을 빼앗아 먹는 등의 퇴행 현상을 보이는 첫째 때문에 신경이 이만저만 쓰이는 것이 아닙니다. 가뜩이나 출산 후 몸이 피로한 엄마는 둘째를 돌보기도 버거운데 첫째까지 이상 행동을 하면 정말 어찌해야 할지 몰라 두 손 두 발 다 들고 싶은 심정이 됩니다. 어떤 엄마는 둘째를 낳고 나니 '갓난쟁이 쌍둥이를 키우는 것 같은 기분이다'라며 한숨을 내쉬더군요. 갓난아이를 안은 엄마의 눈에는 다 큰 아이처럼 보이는 첫째가 아기처럼 굴기 때문이지요. 동생을 못살게 굴고 동생처럼 행동하는 첫째 아이. 이런 첫째를 엄마는 어떻게 이해해야 하는 걸까요?

* 동생을 본 첫째의 마음속을 들여다볼까요?

첫째가 두 돌이 넘었을 때 둘째를 낳은 엄마들은 첫째에게 많은 기대를 합니다. 이제 걸어 다니고 말도 제법 하는 첫째를 보면 무척 큰 것처럼 느껴지거든요. 그래서 첫째에게 이런저런 요구를 합니다. "동생이니까 네가 많이 돌봐 줘야 해", "동생 다치니까 장난감은 저쪽에서 가지고 놀아", "동생 자니까 조용히 해" 등 벌써부터 동생을 위해 희생할 것을 요구합니다.

하지만 첫째는 아직 엄마의 손길을 필요로 하는 어린아이일 뿐입니다. 동생을 본 첫째의 마음속을 들여다볼까요?

어느 날 엄마와 아빠, 첫째가 사는 집에 아기가 들어왔습니다. 아기는 말도 못하고 똥오줌도 아무 때나 싸 댑니다. 그런데 엄마 아빠, 심지어 할아버지 할머니까지 온통 아기만 쳐다보고 웃고 있습니다. 동네 사람들도 아기를 좋아하며, 놀이방 선생님과 친구들도 아기 이야기만 합니다.

첫째는 이제 모든 것을 기다려야 합니다. 아기가 배고파 울면 엄마는 아기에게 달려갑니다. 첫째가 배고프다고 하면 조금만 기다리라고 합니다. 첫째가 놀아 달라고 하면 엄마는 아기 기저귀 먼저 갈아 주고 조금 이따가 놀아 준다고 합니다. 엄마에게는 '조금'이 짧은 시간이지만 첫째에게는 하루해보다 길게 느껴집니다.

첫째는 자신의 생활을 송두리째 바꿔 놓은 아기가 밉습니다. 아기가 태어나기 전까지는 자신이 세상의 중심이었는데 지금은 더 이상 그렇지 않습니다. 엄마 아빠도 더 이상 자신을 사랑하지 않는 것 같습니다. 너무너무 화가 납니다. 그래서 그 화를 풀기 위해 아기를 괴롭히게 됩니다.

이 시기 동생을 본 아이들에게 지나칠 수 없는 스트레스는 동생에 대한 질투입니다. 대부분의 부모들은 형제끼리 잘 놀고 자연스럽게 어울릴 것이라 생각하지만 그렇지 않습니다. 왜냐하면 형제는 '한정된 부모의 사랑을 두고 필연적으로 다툴 수밖에 없는 관계'이기 때문이죠. 특히 큰아이와 작은아이 사이의 터울이 적거나, 한 아이가 아파서 다른 형제를 제대로 돌보지 못했을 경우에는 형제간 갈등이 심해집니다.

제 진료실에는 아이들의 심리를 진단할 때 쓰이는 조그만 아기 인형이 많이 있습니다. 어느 날 한 살 어린 동생을 심하게 괴롭혀 늘 엄마의 지적을 받는다는 아이가 진찰을 받으러 왔습니다. 그 아이는 진료실에 있는 인형을 보자 집어 던지고, 아기 인형의 귀를 물어뜯는 등 신경질적인 반응을 보였어요. 제가 부모의 사랑을 두고 다툴 수밖에 없는 형제 관계에 대해 이야기하자 그 엄마는 저렇게까지 가슴에 깊은 상처가 있었는지 몰랐다며 눈물을 글썽였습니다.

아직 어린아이들은 동생에 대한 시샘을 말로 표현하지 못하고 동생을 때리거나 아기 인형을 깨무는 등 과격한 행동으로 나타내곤 합니다. 그래서 둘째가 태어났을 경우 더 세심하고 깊은 사랑으로 첫째를 돌봐야 이와 같은 문제를 막을 수 있습니다.

* '퇴행 현상'으로 자기 마음을 나타내는 첫째

식구가 많던 예전과 달리 요즘에는 아이가 애정을 받을 수 있는 존재가 부모로만 국한된 경우가 많습니다. 따라서 형은 동생을 '사랑하는 사람을 두고 목숨을 걸고 다퉈야 할 연적'이라 생각하게 되는 것이지요. 형제가 있는 집안에서 그 관계가 형, 동생, 엄마의 삼각 구도를 그리는 경우가 많은 것은 이 때문입니다.

이때 큰아이는 자신의 마음을 '퇴행 현상'으로 나타내기도 합니다. 엄마가 먹여 주지 않으면 밥을 안 먹으려 한다거나, 동생의 젖병을 낚아채 자기가 빨아 먹는다거나 하는 식으로 말이지요. 엄마가 보기에는 속 터지는 행동이지만 이때 절대 야단을 쳐서는 안 됩니다. 큰아이가 원하는 대로 먹여 주고, 큰아이용으로 따로 젖병을 마련해 둘째에게 우유를 먹일 때마다 함께 주는 식으로 배려해 줘야 합니다. 자기가 원하는 만큼 하다 보면 아이는 스스로 퇴행 행동을 그만두게 됩니다. 엄마가 밥을 먹여 주면 자기가 먹을 때보다 불편하고, 젖병으로 우유를 먹으면 빨리 많이 먹을 수 없다는 것을 깨달아서 알아서 멈추게 되지요.

이때 만일 퇴행 행동을 못 하게 하면 아이는 자신의 바람을 엄마가 무시했다는 생각에 더 심한 행동을 보이게 됩니다. 앞에서 이야기했던 아이처럼 말입니다. 그리고 나중에 친구 관계에서 문제가 나타날 확률도 높습니다. 엄마가 혼을 내면 아이는 엄마가 자기를 싫어한다는 생각을 하게 되는데, 이런 생각이 있으면 친구를 사귈 때 소극적이거나 반대로 폭력적인 모습을 보입니다. 친구 역시 자신을 좋아하지 않을 것이라 생각하거나, 부모로부터 충족되지 않은 사랑을 친구에게서 얻으려 하거나, 마음에 쌓인 분노를 친구에게 표현하기 때문입니다.

* 형제간의 터울은 2~3년이 적당

첫째를 낳은 부모들에게 나이 드신 분들이 자주 하는 이야기가 있습니다. 바로 "얼른 둘째 낳아야지. 한꺼번에 낳아서 빨리 키우는 게 좋아"입니다. 그런데 이는 제삼자의 입장에서 보았을 때는 좋은 방법인지 몰라도, 직접 아이를 키우는 엄마 아빠와 첫째 아이에게는 장점보다는 단점이 더 많습니다.

엄마 입장에서 보면 큰아이를 낳은 후 몸을 회복하고 육아에 적응할 수 있는 시간이 필요합니다. 하지만 큰아이가 채 걷기도 전에 둘째를 가지면 육아 스트레스에 임신기 우울증까지 올 수 있습니다. 이것은 둘째를 낳고서도 지속되고요. 큰아이 역시 동생이 생기는 새로운 상황을 감당할 수 있을 만큼 마음이 성장할 시간이 필요합니다. 엄마와 떨어지는 불안함, 즉 분리 불안을 겪을 시기에 동생을 보게 되면 분리 불안 과정을 성공적으로 마치기 어렵습니다. 더욱 엄마를 찾고 의존적이 될 수 있지요.

여자아이는 정서적 성숙이 빨라 두 돌 이후면 동생을 보아도 괜찮지만 남자아이는 적어도 3세가 넘었을 때 동생을 보는 것이 좋습니다. 보통 2~3년 정도의 터울이면 무난할 것으로 생각됩니다.

* 둘째 출산 후에는 첫째에게 더 신경을 쓰세요

형제간의 터울 조절은 둘째를 계획할 때 고려해야 할 사항입니다. 이미 동생이 있는 경우에는 둘째를 낳은 후 6개월 동안은 큰아이 위주로 생활해야 합니다. 보통 둘째가 태어나면 엄마는 첫째보다 둘째에게 더 많은 신경을 쓰게 됩니다. 이제 갓 태어난 아이니 그럴 수밖에 없지요. 그리고 산후 조리를 하는 동안 큰아이를 시댁에 맡겨 놓거나, 집에 함께 있어도 떨어트려 놓곤 합니다. 하지만 이때 큰아이가 받은 충격은 두고두고 남게 되므로 큰아이를 대할 때 특히 주의해야 합니다.

이때는 둘째를 다른 사람이 보게 하고 엄마는 큰아이에게 더 신경을 써야 합니다. 그래야 큰아이가 동생이 '엄마 사랑을 빼앗은 나쁜 놈'이라고 생각하지 않게 되지요. 저는 정모가 태어났을 때 무심코 경모가 썼던 아기 이불을 꺼내 정모를 덮어 준 적이 있어요. 그런데 그것을 보고 경모가 "왜 내 거를 주는 거야" 하며 화를 내더라고요. 그래서 결국은 경모에게 아기 이불을 주고, 정모에게는 큰 담요를 접어서 덮어 주었답니다.

정모의 백일 사진을 보면 더합니다. 정모의 백일인지 경모의 생일잔치인지 헷갈릴 정도로 경모가 주인 행세를 하고 있습니다. 백일 상 앞에도 정모보다는 경모가 앉아 있는 사진이 많고, 엄마 아빠와 찍은 사진 속에서도 경모가 더 많이 등장하고 있고요. 전 동생이 태어났어도 경모에 대한 엄마 아빠의 사랑이 줄어들지 않았다는 사실을 알려 주기 위해 무척 애를 썼습니다.

둘째가 태어나면 그 순간부터 큰아이에 대한 배려를 해 주어야

첫째가 동생을 때리는 이유 Tip

● 질투심의 표현
부모의 사랑을 빼앗겼다는 질투심에 어찌할 바를 몰라 폭력을 사용하기도 합니다.

● 우월감의 표현
자신이 동생보다 크고 강하다는 것을 보여 주기 위해 때리게 됩니다.

● 분노의 표현
동생 때문에 엄마에게 혼이 많이 난 아이들은 동생을 때림으로써 화를 풉니다.

합니다. 동생을 미워하고 문제 행동을 보이는 큰아이에게 화를 내기보다는 더 많은 관심을 갖고, 더 자주 사랑을 표현해 줘야 합니다. 둘째를 보살필 때는 큰아이와 함께 해 보세요. 젖을 먹을 때 가제 수건을 가져오게 하거나, 기저귀를 함께 갈아 주면 큰아이는 동생은 말도 못 하고, 혼자서 할 수 있는 것이 아무것도 없는 연약한 존재라는 사실을 금방 알게 됩니다.

형이 뭘 하든 사사건건 방해해요

7세 딸과 4세 아들을 키우고 있는 엄마 희경 씨는 내년에 학교에 들어가는 큰아이의 공부를 위해 둘이 마주 앉아 있으면 사사건건 방해하는 둘째 때문에 걱정입니다. 이런 상황은 엄마가 집에 없는 낮에도 이어집니다. 큰아이가 그림을 그리고 있으면 그림에 낙서를 하고, 뭔가를 만들고 있으면 부수는 등 계속 방해를 하는 것이지요.

혼내기도 하고 잘 알아듣게 이야기도 해 봤지만 소용이 없었습니다. 그러다 보니 큰아이도 점점 동생을 귀찮게 여기더니 이제는 밉다고까지 말합니다. 큰아이 공부를 미룰 수도 없고, 둘째도 잘 달래야 하니 엄마는 '차라리 내 몸이 하나 더 있었으면' 하는 생각이 듭니다.

* 양분된 사랑을 되찾고자 하는 행동

첫째는 동생이 태어나기 전까지 부모의 모든 사랑을 독차지하는 반면, 둘째는 태어난 순간부터 부모의 사랑을 첫째와 나눠 가져야 해요. 둘째는 가장 큰 경쟁자인 첫째를 따라잡고 부모의 사랑을 차지하기 위해 본능적으로 애를 씁니다. 그래서 항상 경쟁하듯이 행동하고, 첫째의 약점을 찾는 요령을 익히고, 첫째가 실패한 것을 성공시킴으로써 부모나 선생님으로부터 인정받으려고 애쓰지요.

위의 사례에서도 엄마가 큰아이와 공부를 하기 위해 마주 앉는 순간, 둘째는 태생적으로 경쟁심을 느낍니다. 그래서 그 틈에 끼어들어 엄마의 관심을 자기에게로 돌리기 위해 애를 쓰는 것이지요. 엄마야 둘째가 얌전히 놀고 있길 바라지만 아직은 엄마 마음을 이해할 정도로 자라지 못했습니다. 이때 둘째를 나무라거나 텔레비전을 보게 하는 등 혼자 놀게 하면 둘째는 엄마에게 버림받았다고 생각하여 첫째에 대한 질투심을 더 키우게 됩니다. 또한 엄마의 관심을 얻기 위해 사고를 치고 말썽을 부리기도 하지요.

* 배움의 즐거움보다 결과에 집착하는 둘째 아이

태어날 때부터 부모의 사랑을 나눠 가져야 하는 둘째들은 그 마음을 잘 보살펴 주지 않았을 경우 자신의 만족보다는 다른 사람에게 보여 주기 위해 열심히 사는 아이가 될 수 있습니다. 제 둘째 아이 정모가 특히 이런 성향이 강했지요. 유치원에 다니던 어느 날 갑자기 피아노를 배우겠다고 고집을 부리더라고요. '정모가 음악에 관심이 있었나' 하고 의아해했는데, 알고 보니 피아노를 잘 치면 유치원 선생님에게 칭찬도 받고 친구들에게 자랑도 할 수 있다는 생각에서 그랬더라고요.

물론 아이가 뭔가 열심히 해서 칭찬을 받고 뿌듯해하는 것은 좋습니다. 하지만 둘째들은 배움 자체를 즐거워하기보다 그 결과에 집착할 수 있으므로 주의해야 합니다. 평소에도 정모는 '다른 사람이 자기를 어떻게 생각하는지'에 너무 집착했어요. 그리고 뭔가를 해냈을 때는 칭찬이건 상이건 보상이 따르기를 바랐지요. 이것을 반대로 생각하면 보상이 있어야 움직인다는 이야기가 됩니다. 그래서 저는 정모에게만큼은 덜 시키고, 아이가 보상 때문에 하려는 것을 말리는 데 힘을 쏟았습니다. 정모가 진정으로 자기가 원하는 것을 찾고, 그것을 정말로 기쁘게 했으면 하는 바람에서였습니다.

* 둘째에게 함께할 수 있는 시간을 알려 주세요

사사건건 형이 하는 일을 방해하는 행동은 둘째가 충분히 사랑을 받았다고 느끼는 순간 언제 그랬냐 싶게 사라집니다. 따라서 둘째가 만족감을 느낄 수 있도록 안아 주고 놀아 주며 충분히 사랑을 표현해 주면 됩니다. 문제는 시간이지요. 두 아이가 함께 있는 상황에서는 두 아이 모두에게 정성을 쏟기가 어렵습니다.

이때는 시간을 쪼개어 각각의 아이와 함께하는 시간을 마련해 주세요. 예를 들어 30분 동안 큰아이의 공부를 봐 주었다면, 다음 30분 동안은 둘째와 놀아 주는 식으로 말입니다. 또한 큰아이의 공부를 봐 주기 전에 둘째에게 이렇게 이야기하세요.

"○○야, 큰바늘이 6에 올 때까지 누나 공부 봐 준 다음에 놀자. 조금 기다려 줄 수 있지?"

아이가 지루해하며 빨리 엄마와 놀고 싶다고 투정을 부릴 때에는 "10분 남았어", "5분 남았으니 조금만 기다리면 돼" 하고 기다려야 할 시간이 줄어들고 있음을 알려 주세요. 큰아이의 공부를 마칠 때까지 잘 참고 기다렸다면 칭찬을 해 주시고요.

* 큰아이를 칭찬할 때 둘째도 함께

저는 경모를 칭찬하거나 스티커와 같은 보상을 줄 때 옆에 있는 정모도 같이 칭찬하고 스티커를 주었습니다. 정모가 특별히 잘한 일이 없어도 말이에요. 한 번은 경모가 자기가 그린 그림을 보여 주며 자랑을 하더라고요. 그때 이렇게 이야기해 주었습니다.

"우아, 우리 경모 진짜 그림 잘 그렸네. 정모도 그림 잘 그리지? 엄마 생각에는 형은 형네 반에서 제일 그림을 잘 그리는 것 같고, 정모는 다섯 살 중에서 제일 잘 그리는 것 같아."

형을 이겨야 하는 경쟁자가 아닌 함께 더불어 살아가야 할 대상으로 받아들여 쓸데없이 형과 경쟁하는 마음을 갖지 않게 하기 위해서였습니다. 과잉 경쟁 심리로 형보다 못한 자신을 미워하게 되면 안 되니까요.

* 형제 키우기 요령 - 아빠에게 도움 청하기

아이가 둘일 경우 부모가 한 명씩 맡아 놀아 주거나 공부를 가르치면 의외의 성과를 거둘 수 있습니다. 엄마에게서 채울 수 없는 사랑을 아빠를 통해 채울 수 있으니까요. 특히 우리나라 대부분의 아빠가 생업에 바빠 아이들과 함께하는 시간이 적은데, 하루에 한 시간이라도 아이와 시간을 보내도록 노력해 보세요. 처음에는 단순히 함께 있어 주는 것만으로 족합니다. 그 뒤 아이와 같이 할 수 있는 놀이를 시도해 보고 아이의 반응을 봐 가면서 함께하는 시간을 늘리는 것이 좋습니다. 첫째든 둘째든 평소 엄마의 사랑에 부족함을 느끼는 아이에게 효과적입니다.

형제간의 잦은 다툼, 어떻게 중재하면 좋을까요?

둘 이상의 아이를 키우는 부모들은 다른 사람들에게 "형제가 있어야 해"라며 자랑스럽게 이야기하곤 합니다. 저도 '내가 세상에 태어나서 가장 잘한 일은 아이 둘을 낳은 것'이라고 생각하고 있지요.

그런데 아이들이 죽어라 싸우는 모습을 볼 때면 솔직히 '하나만 낳았으면 싸울 일도 없고, 부모 사랑도 독차지하며 컸을 텐데' 하는 생각이 드는 것도 사실입니다. 아이들은 왜 그렇게 싸우는 걸까요? 과연 반복되는 싸움을 그만두게 할 방법은 전혀 없는 걸까요? 어떻게 해야 아이들에게 상처를 주지 않고 싸움을 잘 마무리할 수 있을까요?

* 부모의 사랑을 독차지하려는 마음에서 출발

어른들의 기대와는 다르게 형제간의 사랑은 단지 같은 피를 나누었다는 이유만으로 저절로 생기지 않습니다. 형제가 있는 집은 다 마찬가지겠지만 경모와 정모도 어릴 때는 하루가 멀다 하고 싸움을 했습니다. 남자아이들이다 보니 주먹질이 오가며 심하게 싸울 때도 있었지요. 어떤 때는 아이들 싸움을 말리다 제가 먼저 지쳐 나가떨어지기도 했답니다.

무엇 하나 양보하기 싫어하는 첫째 경모와 어떻게든 형과 동등한 관계를 유지하고 싶어 하는 둘째 정모. 그 마음은 알지만 싸울 때는 둘 다 집 밖으로 쫓아내고 싶은 생각까지 들었지요. 그런데 싸우다 잠든 정모를 보면 마음 한구석이 짠해 왔습니다. 워낙 키우기 수월한 데다 형의 기세에 눌려 엄마의 관심을 받을 기회도 많지 않았으니까요. 제가 정모에게 관심을 보이면 경모는 그새 사고를 쳐서 엄마의 관심을 자기 쪽으로 끌어가곤 했습니다.

그러다 보니 정모에게 조금씩 문제가 나타나기 시작했습니다. 형 물건에 손을 대는 것이었어요. 경모가 화를 내고 제가 말려도 정모는 몰래 형 물건을 가져가거나 망가뜨리곤 했지요. 그래서 또 싸움이 시작되곤 했습니다. 물론 몸싸움에서는 덩치가 작은 정모가 밀릴 수밖에 없었지요.

하지만 형제간의 다툼이 아이들에게 부정적인 영향만 주는 것은 아닙니다. 오히려 다툼을 통해 타협이나 협상과 같은 능력을 배우게 됩니다. 물론 형제간의 다툼이 평화롭게 마무리되었을 때 이야기입니다. 아이들의 다툼을 평화롭게 마무리하기 위해서는 싸움의 원인을 정확히 파악한 후 대처하는 지혜가 필요합니다.

* 아이들이 다투는 이유를 알아보세요

6세, 5세 연년생 자매를 둔 맞벌이 엄마가 일을 마치고 집에 들어섰습니다. 그런데 두 아이는 엄마가 왔는데도 아랑곳하지 않고 오렌지를 서로 갖겠다며 싸움이 한창입니다.

"너희들 왜 그러니?"

상황을 전혀 모르는 엄마가 처음에는 부드럽게 묻습니다. 그런데 아이들은 엄마의 말을 들었는지 못 들었는지 여전히 싸움을 합니다. 이렇게 되면 아이들에게 화를 내지 않기가 참 힘들어집니다. 순간 엄마는 소리를 빽 지릅니다.

"너희들 엄마가 사이좋게 놀라고 했지!"

엄마는 화가 나고 아이들은 서로 억울하다며 울고……. 이런 일은 어떻게 해결하면 좋을까요?

병원을 찾는 부모들에게 이 상황을 어떻게 해결할 것인지 물어보면 다양한 의견을 제시합니다.

"일단은 다툼의 원인이 되는 오렌지를 뺏고, 아이들 스스로 문제를 해결해 보도록 시키겠어요. 아이들이 화해를 하면 그때 오렌지를 주는 거죠."

"오렌지가 하나여서 그런 것이니까 오렌지를 똑같이 나누어 주면 되지 않을까요? 나눠 먹는 방법을 알 수 있게요."

"그냥 제가 먹어 버리겠어요."

불행하게도 지금까지 이 상황에 대해 지혜로운 판단을 내린 부모를 만나지 못했습니다. 정답은 왜 싸우는지 그 이유를 물어보는 것입니다. 앞의 예를 살펴보면 두 아이가 오렌지를 서로 '갖겠다'고 싸우는 상황입니다. '먹겠다'고 싸우는 것이 아니라 '갖겠다'고 싸우는 것이지요. 이 경우 왜 서로 갖겠다고 하는지 그 이유를 듣는 것이 첫 번째 할 일입니다. 첫째는 오렌지가 먹고 싶어서, 둘째는 오렌지 껍질로 만들 것이 있어서 오렌지를 가지려 하는 것일 수 있지요. 부모 입장에서야 오렌지를 두고 싸우면 서로 먹겠다고 싸우는 것처럼 보이겠지만요. 이 경우 오렌지를 까서 서로 필요한 부분을 나눠 주면 평화롭게 싸움이 마무리됩니다.

대부분의 부모들이 형제간의 싸움을 말릴 때 '형제간에 싸워서는 안 된다'는 원칙을 세우고 싸운 것 자체를 야단칩니다. 큰아이가 동생을 때려 동생이 우는 상황이 되면 무조건 큰아이를 몰아붙이기도 하지요. 반대인 경우에도 마찬가지, 어디 형한테 덤비느냐며 동생을 나무라고요. 이렇게 싸움의 원인보다는 결과를 보고 판단하는 것은 피해야 합니다.

형제간에 다툼이 있을 때는 먼저 그 원인을 알아보세요. 아이들의 싸움은 위의 사례에서와 같이 별것 아닌 일에서 시작됩니다. 그렇다고 "별것도 아닌 것 가지고 왜 그러니? 그만해!"라고 하는 것은 아이들을 무시하는 처사입니다. 아이들 입장에서는 중요한 일이니까 싸우는 것이지요. 그러니 부모 입장에서는 사소한 일일지라도 그 원인을 파악하는 것이 중요합니다.

* 해결 방법을 아이들과 의논하세요

원인을 파악한 후에는 적절한 해결 과정이 필요합니다. 이때 부모의 판단으로 이래라저래라 하는 것은 옳지 않습니다. 어른들 사이에 문제가 생겼을 때 법원을 찾아가 현명한 판단을 부탁하면 판사는 이런저런 정황을 살펴 적절한 판단을 내립니다. 하지만 그 판단이 피고나 원고 모두를 만족시키는 경우는 매우 드뭅니다. 판결 내용을 듣고 "분명 상대편 사람들이 힘을 썼을 거야", "우리가 좀 더 세게 나갔어야 하는데" 하며 불평불만을 늘어놓기 쉽습니다. 그래서 웬만한 사건 사고의 경우 먼저 당사자 간의 합의를 유도하는 것이지요.

아이들의 경우도 마찬가지입니다. 부모가 아무리 공정한 판단을 내린다고 해도 아이들 입장에서는 “언니를 더 좋아해”, “동생을 더 좋아해” 하며 불만을 가질 수 있습니다. 또한 “네가 누나니까 양보해라”, “오빠니까 참아야지” 하며 큰아이를 꾸짖는 경우가 많은데, 이는 첫째에게 동생에 대한 좋지 않은 감정만 심어 줄 뿐입니다.

아이들이 싸우는 이유를 들었으면 어떻게 해결하면 좋을지도 이야기하게 해 보세요. 이때 아이들이 마땅한 해결책을 찾지 못할 수도 있습니다. 그러면 그때 부모의 의견을 제시하는 것이 좋습니다.

“너희가 장난감을 갖고 싸우는데, 시간을 정해서 갖고 놀면 어떨까?”

부모가 제시한 방법을 들은 아이들은 자신의 의견을 이야기할 것입니다. 이렇게 대화를 통해 타협하고 협상해 가는 것이지요. 물론 이 방법은 시간이 오래 걸립니다. 그렇다고 다음에 아이들이 싸우지 않는 것도 아니고요. 아이와 대화를 하는 도중 부모가 스트레스를 받아 버럭 화를 낼 수도 있습니다. 하지만 힘든 만큼 나중에 큰 효과를 발휘합니다. 이렇게 타협하는 방법을 배운 아이들은 밖에서 의견 충돌이 생겨도 타협할 줄 알게 됩니다.

아이들이 싸울 때 ‘언젠가는 그만두겠지’, ‘싸워 봐야 안 싸우고 노는 것이 좋다는 것을 알지’ 하며 가만히 지켜보는 부모들도 있는데, 이는 아주 위험한 방법입니다. 태생적으로 경쟁 관계에 놓인 터라 형제간의 싸움은 아주 격해질 수 있습니다. 몸싸움이 심해 서로를 다치게 할 수도 있고, 심한 말다툼으로 마음에 상처를 남길 수도 있습니다. 그러니 형제 사이가 악화되지 않도록 부모가 적절히 개입해야 합니다.

* 아이들 하나하나에게 깊은 사랑을

형제간의 다툼이 부모의 사랑을 더 받고 싶은 마음에서 출발하는 만큼 아이들이 만족할 정도로 충분한 사랑을 주면 다툼이 줄어들기도 합니다. 이때 꼭 지켜야 할 원칙은 다른 형제가 없는 상황에서 한 아이와 애정을 나눌 수 있는 충분한 시간을 갖는 것입니다.

정모가 다섯 살이었을 때, 드디어 정모가 엄마의 사랑을 독차지할 수 있는 기회가 생겼습니다. 초등학교 방학을 맞은 경모가 할아버지 댁에 내려갔거든요. 경모가 떠난 다음 날 저는 정모와 하루 종일 재미있게 놀기로 계획을 짰습니다. 낮에는 놀이공원에 갔다가 오후에는 영화를 보고 저녁에는 삼촌 집에 놀러 갔지요. 그날 하루 동안 정모는 형 없이 엄마와 삼촌의 사랑을 듬뿍 받으며 지냈습니다.

그날 저녁에는 엄마와 잔다며 베개를 들고 오더라고요. 평소에는 자기 침대에서 씩씩하게 혼자서 자던 아이가 말입니다. 그래서 그러자고 하며 꼭 끌어안고 잠을 잤습니다. 다음 날 아침 만족스러운 얼굴로 눈을 뜬 정모가 이야기했습니다.

"엄마, 나 이제부터 형 물건 안 만지고, 내 장난감만 가지고 놀게요."

형한테 맞으면서도 고쳐지지 않던 버릇을 하루만에 스스로 고치겠다고 하는 것이었습니다. 엄마 입장에서는 놀라운 현상이었지만 자신이 원하는 만큼의 사랑을 충분히 받은 아이에게는 자연스러운 현상이었지요. 경모가 돌아온 후에도 정모는 형 물건에 손을 대지 않아 형제간의 싸움이 많이 줄었습니다.

뿐만 아니라 옷을 벗어서 빨래 통에 넣고, 밥을 먹고 난 후에는 설거지통에 그릇을 넣는 등 시키지 않아도 예쁜 짓만 골라 했지요.

형제간의 싸움을 예방하는 방법 

●서열 명확히 해 주기

형과 동생의 역할을 명확히 구분해 줍니다. 그리고 아이들 사이에 터울이 좀 있다면 형에게 "너는 동생보다 키도 크고 힘도 세니까 동생을 보호해야 해" 하고 이야기해 줍니다. 동생에게는 "형이 너를 보호해 주니까 너는 형 말을 잘 듣고 따라야 해" 하며 형제 사이의 서열을 명확히 해 주면 싸움이 줄어듭니다.

●형에게 선생님의 역할 주기

형 자신이 배우고 있는 것을 동생에게 가르쳐 보게 한다거나, 엄마의 일을 도울 때 형의 주도하에 할 수 있도록 합니다. 예를 들어 장난감 정리를 할 때 큰아이에게 "○○야, 네가 동생을 데리고 거실에 있는 장난감을 치워 주면 좋겠어"라고 이야기하며 큰아이의 주도로 두 아이가 함께 일을 할 수 있게 하는 것입니다.

●함께 재우기

함께 재우면 둘 사이의 결속력이 강화됩니다. 밤에 사이좋게 잔 아이들은 낮에도 사이좋게 놀게 되니까요.

그런 모습이 한편으로 대견하면서도 한편으로는 가슴이 아팠습니다. 저 어린 것이 얼마나 엄마 사랑이 고팠으면 하루 놀았는데 저렇게 변했을까 하는 마음에서 말입니다.

이처럼 아이들은 자신이 원하는 사랑을 충분히 받았을 때 순한 양이 됩니다. 아이와 함께하는 시간의 질도 중요하지만, 기본적인 양이 확보되어야 하는 것은 바로 이 때문입니다. 아이들 사이에 다툼이 너무 심하다 싶을 경우 이렇게 아이들 한 명 한 명과 함께하는 시간을 마련해 보세요.

Chapter 8

자신감 & 사회성

친구들이 놀리는데 바보처럼 아무 말도 못 해요

아이가 마음이 약한 나머지 자신보다 강한 아이한테는 무엇이든 양보해 버리고 친구들이 놀려도 아무 말도 못 하는 것을 보면 부모는 속에서 열불이 나곤 합니다. 요즘같이 경쟁이 치열한 사회 분위기 속에서는 착한 아이가 바보 취급을 당하는 경우가 많은데다 세 돌만 지나도 이런저런 교육기관에 다니기 때문에 마음이 약한 아이들은 여러 아이들 속에서 상처를 입을 수 있습니다.

* 기질상 소심한 아이들이 있습니다

친구들이 놀려도 아무 말도 못 할 정도로 소심한 아이들의 경우,

그 원인을 크게 두 가지로 나누어 볼 수 있습니다.

첫째, 기질적으로 예민하고 쉽게 불안감을 느끼는 아이들입니다. 이런 아이들은 갓난아이였을 때부터 잘 놀라고, 낯가림이 심했을 것입니다. 아동 발달 연구를 보면 새로운 상황을 특히 어려워하는 아이들이 있습니다. 이런 아이들은 수줍음이 많고, 낯선 곳에서 위축되는 모습을 보입니다. 또한 조금만 놀라도 심장 박동이 빨라지고 자율신경계가 활성되는 등 신체적 이상도 나타나는데 자라서도 이런 경향이 계속될 경우 불안 장애, 우울증, 대인공포증에 걸릴 확률이 높습니다.

아이가 기질상 불안함을 보인다면 부모는 아이들의 이런 기질을 인정하고, 낯선 상황으로부터 아이를 보호해야 합니다. 아이가 친구들과 어울릴 수 있는 충분한 힘을 가질 때까지 교육기관에 보내지 않는 것이 좋고, 낯선 장소나 낯선 사람을 만나는 일도 어느 시기까지는 피하는 것이 좋습니다.

경모 역시 기질이 예민한 아이였습니다. 자기 눈에 조금이라도 낯선 것은 가까이하지 않았고, 모르는 장소에 가면 너무 예민해져 도로 집으로 올 때가 많았습니다. 새 옷도 싫어해서 옷을 사면 아이가 익숙해질 때까지 아이 눈에 띄는 곳에 걸어 두어야 했고, 그래도 아이가 거부하면 새 옷을 일부러 늘인 다음 헌 옷인 양 입혀야 했습니다. 그런 경모를 키우기 위한 저의 육아 원칙은 오직 하나, 낯선 상황을 될 수 있으면 만들지 않는 것이었습니다.

소심한 아이를 둔 대부분의 부모들이 사회성을 기른다는 명목으로 어린이집이나 유치원, 학원 등에서 단체 생활을 하게 하는데, 이는 아이를 더욱 힘들게 하는 일입니다. 오히려 아이가 가지고 있는 정상적인 적응력마저 잃어버릴 수 있지요.

* 좋지 않은 양육 환경도 소심한 아이를 만들어요

둘째, 아이가 자신에 대해 긍정적인 자아상을 갖지 못한 경우 소심한 아이가 될 수 있습니다. 부모가 형제들 중 표가 나게 한 아이만 예뻐했거나, 아이가 보는 데서 부부 싸움을 많이 했거나, 오랫동안 부모와 떨어져 지내는 등 좋지 않은 양육 환경이 그 원인입니다. 이런 상황이 계속되면 아이들은 '나는 쓸모없는 아이, 매일 야단만 맞는 아이'라 생각하여 자신감을 키울 수 없습니다. 너무 어려서부터 학습을 강요하며 아이를 다그치는 것도 자신감을 떨어트리는 원인이 됩니다.

이런 아이에게 '왜 친구들이 놀려도 아무 말도 못하느냐'라고 혼내거나, 적극적인 성격으로 바꾸겠다며 태권도와 같은 격투기를 시키는 것은 좋지 않습니다. 오히려 아이를 더 위축시킬 우려가 있습니다. 이때는 먼저 아이의 기부터 살려 줘야 합니다. 자주 칭찬을 하고 가급적 야단을 치지 않으면 아이는 서서히 자신에 대해 긍정적인 생각을 갖게 됩니다.

아이가 자신감을 되찾게 되면 간혹 지나칠 만큼 과격하게 자기의 주장을 펴기도 하는데, 이것은 아이가 자신감을 찾는 과정에서 나타나는 일시적인 현상이므로 그냥 받아넘기면 됩니다. 그동안 억눌려 있던 자신을 표현하려다 보니 그 강도를 조절하지 못해 과격하게 구는 것이지요. 이 역시 부모가 잘 받아 주면서 한 번 정도 주의를 주면 스스로 자제하게 됩니다. 간혹 이런 과격한 표현이 예의가 없는 것으로 비춰져 아이를 통제하는 부모들도 있는데, 예의는 자신감을 찾은 다음에 가르쳐도 늦지 않습니다. 일단은 자신감 회복에 초점을 맞춰 주세요.

* 부모가 발끈해서 아이를 놀린 친구를 혼내는 것은 금물

친구가 놀렸다며 울면서 집에 들어온 아이를 보고 발끈하여 그 아이에게 달려가는 것은 좋지 않습니다. 아이 스스로 친구에게 "그렇게 놀리면 기분 나빠. 놀리지 마"라고 당당히 이야기할 수 있도록 가르쳐야 합니다. 부모가 나서서 "네가 그렇게 놀리면 우리 애가 기분 나쁘잖아"라고 대신 말하면 아이는 같은 상황에서 계속 부모를 찾게 됩니다. 친구들 역시 늘 부모만 찾는 아이를 더 놀리게 될 뿐이지요. 좋은 부모가 되기 위해서는 아이가 스스로 변화할 수 있도록 끊임없이 도와주고 인내심을 갖고 기다려야 합니다.

* 친구들이 놀릴 때 자기 방어 요령

심약한 기질의 아이가 자신감을 찾기까지 오랜 시간이 걸리는 것은 사실이지만 마냥 기다릴 수는 없습니다. 아이가 준비되지 않은 상황에서도 친구들은 얼마든지 아이를 놀릴 수 있기 때문이지요. 아이가 친구들에게 놀림을 받고 왔을 경우 다음과 같은 방법으로 대처 요령을 알려 주세요.

1단계 – 놀림을 당한 뒤의 감정을 아이 스스로 알아차리게 한다.

"친구들이 너를 놀리니까 어떤 기분이 들어?"라고 물어보세요.

2단계 – 자신의 기분을 표현하는 방법을 알려 준다.

"기분 나쁜 것을 친구들에게 이야기하지 않으면 그 아이들은 네가 기분이 나쁘다는 것을 몰라. 그러니까 아이들이 놀릴 때는 그 아이를 쳐다보면서 '그렇게 하면 기분 나빠! 하지 마!' 라고 말해야 해." 이렇게 친구에게 말하는 방법을 구체적으로 가르쳐 주세요.

3단계 – 아이가 친구들에게 기분을 표현하도록 도와준다.

아이가 자신을 놀린 친구들에게 직접 "그렇게 하면 기분 나빠! 하지 마!"라고 말하게 하세요. 이때 부모는 아이가 자신감을 가지고 이야기할 수 있도록 멀리서나마 지켜봐 주는 것이 좋습니다.

4단계 - 친구들의 반응을 확인시켜 주고 자신감을 갖게 한다.

"네가 친구들에게 '그렇게 하면 기분 나빠! 하지 마!'라고 하니까 친구들이 정말 미안해하던걸. 잘했어. 다음에도 친구들이 놀리면 그렇게 해야 해." 이렇게 격려해 주는 것이 중요합니다.

모든 일에 "나는 못 해"라고 말해요

새로운 일 하기를 겁내는 아이들이 있어요. 유치원이나 어린이집에서 어떤 활동을 할 때 일단은 뒤에서 다른 아이들이 하는 것을 바라보기만 합니다. 집에서도 부모가 뭔가 해 보자고 하면 종종 "나는 못 해"라고 해서, 부모는 아이가 너무 자신감이 없는 게 아닌가 걱정하는 경우가 많습니다. 때로는 특정 분야의 것만 하려 하고 다른 분야는 시도조차 하지 않으려 합니다.

* 자신감을 잃었을 경우 많이 나타납니다

자아상에 심각한 손상을 입고 자신감을 잃은 아이들이 이런 모습을 보이는 경우가 많습니다. 어린 시절에 자신감은 부모와의 관계에서 많은 영향을 받습니다. 평소 부모가 아이가 잘하는 것에만 관심을 보이거나 못하는 것에 대해 엄하게 꾸짖었다면 아이는 무엇이든 잘해야 한다는 강박관념을 가질 수밖에 없습니다. 그러므로 자신이 잘할 수 없을 것 같은 일에 대해서는 시도도 해 보지 않고 "나는 못 해"라고 하는 것이지요.

부모가 아이의 공부에만 관심을 가질 경우에는 아이가 학습지만 보려 하고, 다른 것은 하지 않으려 할 수 있습니다. 학습지를 통해서 부모에게 인정을 받고 싶다고 생각하기 때문이지요. 따라서 이 같은 경우에는 부모가 아이의 공부에만 관심을 갖지 않았는지 스스로 진단해 봐야 합니다. 그렇다고 생각되면 아이가 학습지 문제를 잘 풀더라도 조금은 무관심해질 필요가 있습니다. 오히려 다른 것을 할 때 "잘한다", "예쁘다"는 말을 해 주어 아이의 관심사를 확장시켜 줘야 합니다. 또한 "나는 못 해"라는 말을 계속 하더라도 끈기를 갖고 다독여 주세요. 화를 내거나 야단을 치면 부모와 아이의 관계만 나빠질 뿐입니다.

* 결과와 상관없이 시도한 용기를 칭찬해 주세요

"나는 못 해"를 연발하던 아이가 어떻게든 새로운 일을 시도한 경우에는 결과에 연연하지 말고 그 용기를 칭찬해 주어야 합니다. 자신감이 아주 적은 상태에서 시도했을 때는 그 결과 역시 만족스럽지 못할 것입니다. 하지만 아이가 시도조차 하지 않았다면 어떤 결과물도 절대 만들어 낼 수 없었을 것입니다. 그러므로 아이가 '시도했다는 것' 자체에 칭찬을 듬뿍 해 주세요. 아이 역시 결과물이 만족스럽지 못해 의기소침할지 모릅니다. 그때는 이렇게 격려를 해 주세요. "누구나 처음에는 잘하기 힘들어. 하지만 노력했다는 것이 중요한 것이지. 힘들고 어려워 보이는 일도 여러 번 연습하면 쉽게 할 수 있고 더 잘하게 된단다."

칭찬을 할 때는 아주 구체적으로 해야 합니다. 그림을 그리는 데 자신 없어 하던 아이가 그림을 그렸다면, 밑도 끝도 없이 "참 잘 그렸네"라고 하는 것보다 "여기 자동차가 좀 이상하다. 하지만 나무는 저번보다 잘 그렸는걸! 앞으로 조금만 더 연습하면 자동자도 잘 그리게 될 것 같아. 우리 자동차만 다시 그려 볼까?" 하고 말해 주세요. 두루뭉술한 칭찬은 용기를 내서 시도한 아이에게 큰 도움이 되지 못합니다.

* 실수해도 괜찮다고 이야기해 주세요

엄마들은 태생적으로 아이가 뭔가 실수를 저지르거나 잘못하는 것을 못 봅니다. 엄마 생각에 잘못됐다 싶으면 그 즉시 지적해야 직성이 풀리지요. 솔직히 말하면 저도 예외가 아닙니다. 그런데 엄마가 실수를 용납하지 않는 마음으로 아이를 대할 경우 자신감이 부족한 아이들은 실수를 하거나 엄마 기대만큼 하지 못할까 봐 미리 "나는 못 해"라고 이야기하기도 합니다.

그런데 아이가 저지르는 실수는 꼭 '바로잡아야만' 고쳐지는 것은 아닙니다. 오히려 내버려 두었을 때 예기치 않은 효과가 발생하기도 합니다. 예를 들어 젓가락질을 잘 못하는 아이에게 매번 방법을 가르쳐 줘도 나아지지 않아 포기하고 내버려 두었는데 혼자 열심히 연습해서 젓가락질을 하게 되는 경우가 있습니다. 이것이 바로 실수를 통한 피드백 효과입니다. 실수를 거듭하면서 자기 스스로 가장 옳은 방법을 터득해 가는 것이지요. 어른들도 그렇지만 아이들은 특히 그 효과가 상당히 큽니다.

일상생활에서 아이가 실수를 하더라도 야단치지 말고 사람은 누구나 실수를 할 수 있다는 점을 이야기해 주세요. 더불어 엄마 아빠의 경험담을 이야기해 주는 것도 좋습니다.

"엄마도 어렸을 때 퍼즐을 잘 못 맞춰서 너무 속상했어. 그런데 자꾸 하다 보니까 어떻게 하는지 알게 되었고, 나중에는 어려운 퍼즐도 잘 맞추게 되었어."

이런 식으로 실수를 통해 배울 수 있음을 이야기해 주는 것이지요. 저는 경모와 정모를 키우면서 종종 실수를 경험하게 했습니다.

아이들이 어릴 때 자동차를 공룡처럼 그리더라도 내버려 두었고, 준비물을 빠트려도 챙겨 주지 않았지요. 일부러 그랬다기보다는 아이가 흔히 저지르는 실수에 대해 가끔 모르는 척 눈을 감아 주었다는 것이 옳은 표현일 것입니다.

실수를 눈감아 주는 것은 아이 마음에 여유를 줄 뿐 아니라 아이 스스로 문제를 해결하게 하는 원동력이 됩니다. 또한 아이가 다음에 똑같은 상황에 처했을 때 자신감을 갖고 대처하게 하지요. 따라서 아이의 작은 실수만 보지 말고 발달이라는 큰 시각에서 아이의 자신감을 키워 주는 여유가 필요합니다.

아이에게 자신감을 주는 말 Tip

1. 엄마 아빠는 항상 너를 믿어.
2. 엄마 아빠는 네가 해낼 줄 알았어.
3. 네가 그렇게 해내다니 정말 훌륭한데.
4. 열심히 하는 걸 보니 네가 무척 자랑스러워.
5. 너를 보면 기분이 좋아져.
6. 걱정 마, 엄마 아빠가 있잖아.
7. 몇 번 해 보면 쉬워질 거야.
8. 네가 먼저 해 보고 도움이 필요하면 이야기해.
9. 누구나 실수를 할 수 있어.

수줍음을 너무 많이 타요

아이가 어딜 가도 인사 잘하고 처음 만나는 사람과도 이야기를 잘 나누면 좋겠는데, 그 반대로 어른을 만나면 엄마 뒤에 숨고 누가 물어봐도 대답을 하지 못하고, 게다가 손을 자꾸 입에 넣거나 머리를 긁적이는 버릇까지 있다면 정말 답답하고 애가 탑니다. 대부분의 부모들은 여러 사람 앞에서 아이가 이런 모습을 보일 경우 꾹 참고 있다가 집에 가서 아이에게 답답한 마음을 풀어 놓습니다.

"넌 어른들한테 그것도 대답 못 해?"

"몇 살인데 아직까지 엄마 뒤에 숨는 거야?"

하지만 이런 말들은 아이의 태도를 바꾸는 데 눈곱만큼의 도움도 되지 않습니다. 오히려 아이의 수줍음을 더 키울 뿐이지요.

* 선천적, 유전적 요인으로 수줍음이 나타납니다

수줍음은 생후 24개월 이전까지 보이는 낯가림의 연장으로 볼 수 있어요. 생후 24개월 전후까지는 낯가림이 자연스러운 현상이지만 36개월이 넘어서까지 자신의 이름이나 나이를 말하지 못할 만큼 낯가림이 심하다면 부모의 적극적인 노력이 필요합니다. 수줍음이 많은 아이들은 자신감이 없고, 남을 지나치게 의식하며 부모에게 의존적인 모습을 많이 보입니다. 특히 유치원이나 어린이집 등에서 단체 생활을 하면 이런 성향이 두드러져 외톨이가 되기 쉽습니다.

수줍음을 많이 타는 아이들은 크게 두 부류로 나눌 수 있어요. 하나는 처음 만난 사람이나 낯선 장소에서 자기도 모르게 불안해져서 말을 하지 못하는 경우입니다. 이런 아이들은 다른 사람이 자기를 보고 있다고 의식하면 자기표현을 충분히 하지 못합니다. 다른 하나는 다른 사람에게 별로 관심이 없고 밖에 나가기보다 혼자 놀기를 좋아하는 경우입니다. 이런 아이들은 대체로 나서는 것을 싫어하고 여러 사람 앞에 서면 얼굴이 빨개지기도 하지요.

아기 때 낯가림을 심하게 한 아이들이 커서도 이런 성향을 잘 보이고, 부모가 수줍음을 많이 타면 아이들도 수줍음을 많이 타게 됩니다. 즉 수줍음은 선천적이고 유전적인 측면이 있다는 뜻이지요. 물론 여러 사람 앞에서 심하게 야단을 맞는 등 후천적인 요인으로 인해 수줍음이 나타날 수도 있습니다.

수줍음이 많은 아이가 부모 입장에서는 굉장히 답답해 보일 수 있지만, 내 아이가 아닌 한 인간으로 바라보면 다양한 사람들 속에 살고 있는 정상적인 한 사람의 모습일 뿐입니다. 아이의 타고난 기질을 인정하고 긍정적으로 바라보면서 조금씩 변화할 수 있도록 돕는 것이 부모가 할 수 있는 최선의 노력입니다.

* 생각을 정리할 시간을 많이 주세요

수줍음이 많은 아이들은 말하라고 다그치거나 사람들의 시선이 자신에게 집중되는 것을 느끼면 더 뒤로 숨는 경향이 있습니다. 그러니 질문 후 바로 대답하기를 기다리기보다는 다른 사람의 이야기를 충분히 들으면서 자신의 생각을 정리할 시간을 주는 것이 중요합니다. 어린이집이나 유치원 선생님에게도 아이의 성향을 이야기하고, 아이에게 발표를 시키기보다는 다른 친구의 이야기를 잘 듣게 해 달라고 부탁하면 좋습니다.

아이에게 충분히 시간을 준 후 이야기를 하게 해 보세요. 처음에는 개미만 한 목소리로 이야기할 수도 있지만 그렇더라도 주의 깊게 들어 주며 맞장구를 쳐 주세요. 부모가 호응해 주면 아이들의 목소리는 점점 커지게 됩니다. 그러면 더 과장되게 맞장구를 치며 이야기를 들어 주시고요.

아이와 대화를 많이 나누는 것도 도움이 됩니다. 아이가 낮에 친구랑 싸웠다면 훈계하지 말고 그 일에 대해 이야기를 나눠 보는 것이지요. 왜 싸웠는지, 어떻게 싸웠는지, 그 당시 아이의 기분이 어땠는지 등등 아이의 이야기를 듣고 부모의 생각도 이야기해 주세요. 부모와 대화를 잘하는 아이는 다른 사람 앞에서도 이야기를 잘하게 됩니다.

* 사람들과 친해지면 수줍음이 줄어들어요

수줍음이 많은 아이는 사람들과 자주 만나게 해서 경계심을 없앨 수 있도록 해야 합니다. 그렇다고 낯선 환경에 아이 혼자만 떨어트려 놓아서는 안 됩니다. 먼저 부모가 다른 사람들과 친숙해져서 그 사람들이 아이를 친숙하게 대할 수 있도록 해 주세요. 동네 슈퍼에 갔을 때 슈퍼 주인이나 동네 사람들에게 반갑게 인사를 건네는 모습을 보여 주세요. 아이가 그 어른들과 얼굴을 익혔다면 아이가 먼저 인사를 할 수 있도록 해 주시고요. 집에 손님을 초대해 즐겁게 놀거나, 아이와 함께 다른 집에 놀러 가는 것도 많은 도움이 됩니다.

그리고 주변 사람들에게 부탁의 말도 해 놓으세요. “우리 아이가 수줍음이 많으니 아이가 인사하거나 길에서 아이를 보면 반갑게 말 한마디 해 주세요" 하고요. 부모가 이렇게 부탁하는데 거절할 사람은 많지 않을 것입니다.

낯선 사람에 대한 아이의 경계심이 어느 정도 줄어든 후에는 자랑하고 싶은 장기를 만들어 주는 것이 좋습니다. 노래를 잘한다거나, 달리기를 잘한다거나, 블록 쌓기를 잘하는 등의 장기를 만들어 주면 수줍음을 극복하는 데 도움이 됩니다. 그렇다고 학원을 보낼 필요는 없습니다. 아직 어리기 때문에 아주 간단한 요령만 익혀도 자신의 장기로 받아들이게 됩니다. 어떤 아이의 경우 종이접기를 잘한다고 부추겨 주니 더 열심히 해서 진짜 장기로 만들기도 했지요.

수줍음 체크리스트 Tip

1. 익숙한 사람들과 함께 있는데도 불안한 행동을 보인다.
2. 여러 사람 앞에서는 말수가 줄고, 표현력도 떨어진다.
3. 단순한 자기표현을 하는 데도 무척 힘들어한다.
4. 자기 기분을 말하는 것을 두려워한다.
5. 여러 사람들과 함께 있으면 경직되면서 힘들어한다.

※일상생활에 지장이 있을 정도로 위와 같은 행동을 보이면 전문의와 상담을 해 보세요.

Chapter 9

부모와 아이

말을 지긋지긋하게 안 들어요

아이가 두 돌을 넘기면 엄마는 몸은 조금 편해지지만 정신적으로는 매우 힘들어집니다. 아이가 엄마 말을 지긋지긋하게 안 듣고 말썽을 부리기 때문이지요. 예전에는 '미운 일곱 살'이라고들 했는데 요즘은 많이 내려가 '미운 세 살'이라고까지 합니다. 이 시기가 되면 어느 집이나 "안 돼"를 연발하는 엄마와 "싫어"를 연발하는 아이의 실랑이가 시작되게 마련입니다.

* 세상을 알아 가는 본능적인 행동

세상의 모든 부모들이 자기 아이만은 부모 말을 잘 들을 것을 기대합니다. 그리고 아이가 말을 잘 들을 때 정말 예쁘고 사랑스럽다 고 합니다. 더군다나 요즘 부모들은 자녀를 한두 명만 낳기 때문에 아이에 대한 기대치가 예전에 비해 높아서, 아이가 기대에 어긋나는 행동을 했을 때는 크게 실망을 합니다.

제가 소아 정신과에서 수많은 아이를 만나면서 느낀 점은 '아이들은 어느 방향으로 튈지 모르는 럭비공'이라는 것입니다. 특히 자기주장이 강해지는 3~4세 아이들은 그야말로 '울트라 수퍼 럭비공'이지요. 늘 부모의 기대와 어긋나는 아이의 말과 행동 때문에 뒷골이 뜨거워지는 때가 한두 번이 아닙니다.

하지만 이것은 아이의 정서 발달상 아주 자연스러운 일입니다. 아이가 감기에 걸렸을 때를 예로 들어 볼까요? 성장기 아이들은 부모가 아무리 조심해서 정성껏 보살펴도 감기에 걸립니다. 아직 면역 기관이나 신체의 여러 기능이 완성되지 않아 면역력이 떨어지기 때문이지요. 하지만 감기에 걸리고 낫는 과정을 거치다 보면 아이들은 더 건강해집니다. 이런 시기가 있어야 아이가 건강하게 자랄 수 있지요.

정서 발달도 감기에 걸리는 것과 마찬가지로 이해할 수 있습니다. 자기주장도 해 봤다가 그것이 좌절되는 경험도 해 보고, 또 그것이 받아들여지는 경험도 하면서 한 사람의 인격체로 성장해 나가는 것입니다. 손발이 자유로워지고 의사소통이 가능해진 아이들은 세상과 부딪치며 여러 가지 경험을 하게 됩니다. 이것이 아이들의 본능이지요. 그런데 이 본능은 불행히도 부모의 뜻을 따르는 쪽보다는 거스르는 쪽으로 흐르는 경우가 많습니다.

부모가 이 시기 아이들에게 화가 나는 이유 중 하나는 하지 말라는 것을 계속 반복하기 때문입니다. 자아가 발달해 가는 이 시기의 아이는 아무리 부모가 말을 해도 자기가 싫으면 절대 그 뜻을 따라주지 않습니다. 아빠 휴대폰을 만지지 말라고 해도 자꾸 만지고, 식탁 위에 올라가지 말라고 해도 기어이 올라갑니다. 엄마가 보기에는 '기억력이 없는 것이 아닐까' 하는 생각이 들 정도로 하지 말라는 것을 반복하지요. 하지만 아이는 지금 자기가 만족스러울 때까지 노력하는 것입니다. 아빠처럼 멋지게 휴대폰을 사용하고 싶어서 계속 해 보는 것이고, 식탁에 올라가는 자신의 능력을 보여주고 싶어서 올라가는 것이지요. 이런 본능 차원의 행동들은 부모가 야단친다고 없어지지 않습니다.

* 막을 수 없는 본능, 부모가 맞출 수밖에

어느 날 얼굴 가득 장난기가 넘치는 28개월의 꼬마 신사가 저를 찾아왔습니다. 진료실에 들어서자마자 특유의 호기심을 발동하며 이것저것 만지기 시작합니다. 그런데 그 아이의 엄마는 아주 못마땅한 표정으로 아이 행동을 막기에 정신이 없습니다.

"가만 못 있어! 엄마가 가만히 있으라고 했잖아."

엄마가 아이 손을 낚아채며 야단을 쳐도 아이의 부산한 행동은 계속됩니다. 의자에 앉아서도 연신 손과 발을 꼼지락거리고요.

"아유, 선생님 얘가요, 한 번도 제 말을 들은 적이 없어요."

엄마 말을 빌리자면 아이는 하라는 건 절대 안 하고, 시키지도 않은 일만 골라 하고, 잠시 눈을 뗐다 싶으면 꼭 말썽을 부리는 일명 '청개구리'였습니다. 그 엄마는 아이가 성격적으로 문제가 있지 않은 이상 어떻게 이럴 수 있느냐며 진료를 요청했습니다.

저는 엄마와 아이를 진정시킨 후 놀이방에 들여보내고, 두 사람의 행동을 관찰했습니다. 놀이방에 들어가자 아이가 장남감 총을 들어 바닥을 내리쳤습니다. 그러자 엄마가 곧바로 소리쳤습니다.

"그만해. 그만두라고."

놀이방 안은 정말 아수라장이 따로 없었습니다. 그런데 가만히 보니 엄마가 더 흥분해서 난리를 치는 것 같았습니다. 별것 아닌 아이의 행동에 예민하게 반응하는 모습이 백설공주 이야기에 나오는 계모 같아 보일 정도였지요.

다시 진료실로 돌아온 엄마와 아이의 모습은 정반대였습니다. 엄마는 아직까지 흥분을 가라앉히지 못한 채 씩씩거리고 있었고, 아이는 생생했습니다. 이런저런 진료 끝에 내린 결론은 다음과 같았습니다.

"엄마가 양육 태도를 바꾸면 될 것 같습니다. 아이에게는 큰 문제가 없어요. 엄마가 조금만 마음의 여유를 가지시는 게 좋을 것 같습니다."

하지만 그 엄마는 아이에게 문제가 있어서 왔는데 왜 애는 안 봐주고 자기한테만 뭐라고 하냐며 찬바람이 나게 등을 돌리며 나갔습니다.

왜 아이 때문에 힘들어질까요? 그것은 부모가 원하는 대로 아이가 움직여 주지 않기 때문입니다. 부모의 기대에 아이가 맞춰 주지 않고, 반대로 행동하기 때문입니다. 저도 아이의 심리 발달에 대해 공부를 하지 않았을 때는 제 뜻을 따라 주지 않는 아이의 행동에 화를 많이 냈습니다. 어떻게든 제 말에 따르게 하려고 아이를 달래도 보고, 때려도 보았습니다. 그런데 달라지는 것은 아무것도 없더군요. 단지 서먹서먹해진 엄마와 아이의 관계만 남을 뿐이었습니다. 3세 아이들이 미운 짓을 하는 것은 본능입니다. 아이의 본능을 인정하고 아이의 탐구 활동을 지켜보는 수밖에 없습니다.

*순종하는 병

아이가 무조건 부모 말에 순종하길 바라시나요? 자신의 뜻과 상관없이 무조건 부모에게 순종하는 아이들은 '순종하는 병(Pathological Compliance)'에 걸릴 확률이 높다는 것을 명심하세요. 순종하는 병은 자신의 속마음이 어떤지와 상관없이 오로지 부모 뜻을 따르기 위해 무의식적으로 자신을 억압하는 병입니다.

엄마에게 혼날까 봐, 엄마를 실망하게 할까 봐, 하고 싶은 말을 안 하고, 하고 싶은 행동을 억제하다 보면 마음에 부모에 대한 원망이 자꾸 쌓이게 됩니다. 그래서 거짓말을 하거나, 어느 날 갑자기 폭력적인 행동을 하는 등 문제 행동을 보이는 아이들이 많습니다.

아이에게 "제발 말 좀 들어라"고 할 때 '말'의 의미는 부모가 정한 규칙입니다. 부모는 옷 입기, 옷 벗기, 숙제 하기, 잠자기, 밥 먹기, 정리하기 등 제시간에 할 일을 매번 이야기하지만 아이들에게 그것은 지금 아주 재미있게 하고 있는 놀이를 방해하는 요소일 뿐입니다. 그러니 그 귀찮은 일을 엄마 말 한마디에 무조건 할 아이는 거의 없습니다.

* 해도 되는 것과 안 되는 것 구분해 주기

아이들은 장난감보다는 실생활에서 직접 사용하는 물건에 더 많은 호기심을 보입니다. 아이가 다칠 것을 걱정하여 서랍은 모두 잠그고 싱크대 문도 꽉 닫아 놓고 아이들에게 안전한 장남감만 주면 아이들이 호기심을 충족할 수 있는 기회가 그만큼 줄어들게 됩니다. 아이가 만지면 위험한 물건은 치워야겠지만 큰 지장이 없는 물건들은 그대로 두는 것이 좋습니다.

그렇다고 해서 아이의 모든 행동을 허용하라는 것은 아닙니다. 지나친 자율은 이 시기 아이들이 갖고 있는 자기중심적인 성향을 더 강화시켜 고집불통을 만들 수 있습니다. 해도 되는 일과 해서는 안 되는 일을 명확하게 알려 주세요. 적절한 통제는 아이들의 사회성 발달에도 도움이 됩니다.

* 아이에게서 벗어나 부모의 마음 컨트롤하기

아이는 원격조종 장치로 움직이는 장난감 자동차가 아닙니다. 부모가 이렇게 하라면 이렇게 하고, 저렇게 하라면 저렇게 하는 기계가 아니라 독립된 인격체입니다. 아이 마음이 내 마음과 다르고, 내가 좋아하는 것을 아이가 싫어할 수 있습니다. 아이를 독립된 인격체로 인정하는 것은 생각만큼 쉬운 일이 아닙니다. 이때는 아이에게서 벗어나 자신만의 시간을 가져 보세요.

유난히 까다롭고 짜증이 많았던 경모는 제가 쉬는 날만 되면 꼭 붙어 이거 해 달라, 저거 해 달라며 떼를 쓰곤 했습니다. 너무 피곤해 쉬고 싶은데도 졸졸 따라다녔지요. 오죽하면 '저 아이는 나를 괴롭히려고 태어난 것 아닌가' 하는 생각이 들기까지 했겠습니까.

그런데 주말을 지내고 병원에 나오면 경모에 대한 미운 감정이 수그러들었습니다. 그러면서 제가 주말 동안 경모에게 했던 행동을 반성하고, 집에 돌아가면 어떻게 해야겠다는 계획도 세우게 되었지요. 오히려 병원에서 아이로 인해 지친 마음이 풀어지곤 했습니다.

그래서 저는 엄마들에게 아이 때문에 힘들 때 잠시라도 아이에게서 벗어나 자신만의 시간, 자신만의 세계를 가지라고 이야기합니다. 이것은 아이 때문에 화가 났을 때 공원을 산책하고, 쇼핑을 하며 단지 스트레스를 풀어 버리는 시간을 가지라는 뜻이 아닙니다. '아이'라는 우물에 갇혀 있는 내 자신을 끌어내어 '나만의 삶'을 찾으라는 것이지요. 내가 좋아서 탐닉할 수 있는 나만의 세계 말입니다. 전문성을 키우는 일을 한다거나 글쓰기, 봉사 활동을 하는 것 등 말이에요.

어떤 것이든 아이 말고 자신의 삶에 활력소가 될 수 있는 일을 찾아 정기적으로 하다 보면 아이로 인한 마음의 갈등도 줄어들고, 다시 환한 미소를 지으며 아이를 바라볼 수 있는 여유도 생기게 됩니다.

말 안 듣는 아이,
때려도 되나요?

아이의 정서 발달 과정을 모르는 부모는 도통 말이 통하지 않는 아이 때문에 화가 나서 매를 들기도 합니다. 어떤 부모들은 좋게 이야기해서는 아이들이 말을 듣지 않기 때문에 매를 들고 '따끔하게' 가르쳐야 한다고 말하기도 합니다.

그러나 매를 드는 순간에는 움찔하여 말을 듣는 듯하다가 며칠이 지나면 언제 그랬냐 싶게 미운 행동을 반복하는 아이를 보면 저절로 한숨이 나옵니다. '때려도 소용없는데 어떻게 해야 하나' 하는 생각이 들지요.

이때 아이들이 어떤 방식으로 말을 배우는지 알면 체벌을 하지 않고도 아이가 부모의 말을 듣게 할 수 있습니다.

* 수천 번의 반복을 통해 말을 배우는 아이들

아이들이 말의 뜻을 알기 위해서는 말과 상황을 연결하는 끊임없는 반복 학습이 필요합니다. '물'이라고 말하기 위해서 아이는 엄마가 물컵을 들고 '물'이라고 말하는 모습을 수천 번 반복해서 봐야 합니다. 마찬가지로 어떤 상황에서 엄마가 굳은 표정과 낮은 목소리로 머리를 흔들며 "하지 마, 위험해" 하고 이야기하면 아이들은 엄마의 표정과 목소리, 그리고 상황 등을 모두 하나로 연결하며 '이러면 안 되는 거구나. 이제 그만 해야 하는 거구나' 하고 알게 됩니다.

다시 똑같은 상황이 벌어졌을 때 엄마가 계속해서 부드러운 방식으로 "하지 마, 위험해" 하고 이야기를 해 주면 어느 순간 아이 스스로 엄마가 했던 말을 고스란히 따라서 "위험해"라고 말합니다. 그것이 바로 아이가 말과 대화법을 배워 가는 과정이며, 아이가 말을 듣게 되는 과정입니다.

이렇게 하면 아이는 말의 의미뿐 아니라 더 중요한 것을 배웁니다. 바로 자기 자신은 부모의 존중을 받는 괜찮은 사람이고 세상은 꽤 믿을 만한 곳이라고 느끼게 되는 것이지요. 일단 부모와 세상에 대한 신뢰가 생긴 아이는 가끔 엄마가 강하게 야단을 쳐도 크게 마음에 상처를 입지 않고 잘 받아들입니다. 먹을 것을 주고, 안아 주고, 놀아도 주고, 자기를 믿어도 주는 좋은 엄마가 혼을 내는 데는 이유가 있을 것이라고 생각합니다. 그리고 이런 감정은 아이의 무의식 속으로 흘러들어 긍정적인 가치관과 세계관을 만듭니다.

* 아이는 때린다고 무조건 말을 듣지 않습니다

경모와 정모를 데리고 미국에서 공부할 때 일입니다. 경모는 당시 초등학교에 입학할 나이였는데 워낙 새로운 환경에 적응하기 힘들어하는 아이라서 학교에 보내야 할지 말아야 할지 고민이 많았습니다. 결국 일단 보내기로 했지요. 그런데 그런 우려가 현실로 나타났습니다. 거의 날마다 문제를 일으켜서 수시로 선생님의 전화를 받으며 학교에 들락거려야 했지요.

경모는 쉬는 시간에는 교실 바닥에 드러누워 있고, 수업 시간에는 어슬렁거리며 돌아다니고, 선생님 말씀은 귓등으로 흘리며 자기 하고 싶은 것만 했습니다. 한 번은 아이 아빠도 그 상황을 보게 되었습니다. 자기 아들이 교실 바닥에 드러누워 있는 것을 두 눈으로 직접 본 남편의 충격은 이루 말할 수가 없었습니다.

경모 아빠는 집에 오자마자 "저런 아이는 때려야 해. 버릇을 고쳐야겠어" 하면서, 테니스 라켓을 들고 아이를 데리고 방 안으로 들어가더니 문을 잠그는 것이었어요. 잠시 후 아이가 악을 쓰고 우는 소리와 아이를 때리는 소리가 뒤섞여 흘러나왔습니다. 제가 문을 두드리면서 그만두라고 해도 경모 아빠는 멈추지 않았어요.

경모는 결국 엉덩이를 스무 대 가까이 맞고 방 밖으로 나왔습니다. 뒤따라 나온 경모 아빠가 확신에 찬 듯 이야기했지요.

"더 이상 학교에서 그러지 않겠다고 약속했으니까 이제 달라질 거야."

저는 속으로 과연 그럴까 반신반의했지만 한편으로는 '이렇게 해서라도 말을 들었으면 좋겠다'는 기대를 하기도 했습니다. 그러나 아이는 달라지지 않았습니다. 심지어 다음 날 평소보다 더 심하게 문제 행동을 보였지요. 학교 선생님이 어제 집에서 무슨 일이 있었냐고 물을 정도였습니다. 게다가 그 뒤로 경모는 아빠를 피하기 시작했습니다. 아빠와 눈도 마주치지 않고, 말도 섞지 않으려고 했지요. 남편도 전혀 문제가 해결되지 않았음을 깨달았습니다.

"그렇게 혼을 냈는데 어떻게 같은 행동을 또 할 수가 있지?"

"아이를 때리니까 더 말을 안 듣잖아요. 때린다고 애가 바뀌면 세상에 문제 있는 애들 하나도 없게?"

"정말 매를 드는 건 아무 소용이 없구나."

그 후 경모 아빠는 절대로 매를 들지 않았습니다. 매를 들어서 아이들이 말을 들으면 정말 아이 키우기가 쉬울 것입니다. 기준을 정해 놓고, 그것을 넘었을 때 때리면 되니까요. 그런데 그렇지가 않습니다. 아이들은 생각할 줄 아는 엄연한 인격체이기 때문이지요. 구체적으로 체벌의 문제점을 짚어 보면 다음과 같습니다.

① 아이가 폭력적이 되기 쉽습니다

큰아이가 어눌한 발음으로 "내가 그렇게 하지 말라고 했지?" 하며 동생을 때리는 것을 보고 깜짝 놀랐다는 부모들이 많습니다. 아이가 잘못했다고 자주 체벌을 가하면, 비슷한 상황이 되었을 때 자기가 보고 배운 그대로 다른 사람을 대하게 됩니다. 폭력은 또 다른 폭력을 부릅니다. 체벌을 받은 아이들은 폭력적인 성격이 되기 쉬우므로 주의해야 합니다.

② 자신의 잘못을 모르게 됩니다

아이는 매를 맞다 보면 너무 아프고, 그 상황이 공포스러워서 자신이 무엇을 잘못했는지 생각하지 못하게 됩니다. 즉 자신의 행동을 반성하지 못한 채 맞아서 아프고, 기분이 나쁘고, 엄마 아빠가 싫다는 기억만 새기게 되는 것이지요. 매를 든 효과가 하나도 없고 오히려 부모와 아이의 관계만 멀어질 뿐입니다.

③ 체벌의 강도가 강해져야 합니다

아이를 때려서 가르치면 나중에는 더 많이 때려야 효과가 나타납니다. 처음에 맞을 때는 아파서 부모의 말을 듣지만 내성이 생기면 웬만한 체벌에는 나쁜 행동을 고치지 않게 되지요. 반면 잘 타일러서 깨닫게 하면 아이는 스스로 판단하여 나쁜 행동을 하지 않으려고 노력하게 됩니다. 이런 현상을 '도덕성의 내면화'라고 하는데, 체벌은 외부의 힘으로 아이를 통제하는 것이기 때문에 이 과정을 방해합니다.

④ 자아상이 나빠집니다

자주 맞는 아이들은 '나는 나쁜 아이'라는 생각을 갖게 됩니다. 그래서 행동을 수정하려 하기보다는 '어차피 좋아질 수 없다'고 생각하고 자신감을 잃어버리게 됩니다.

* 꼭 매를 들어야 할 때는 이렇게

체벌의 부작용에도 불구하고 꼭 때려야 하는 경우가 있을 수 있습니다. 아이의 행동은 다양하고, 평소와 같아 보이는 행동에도 다양한 이유들이 있으므로 그 판단은 부모가 세심하게 해야 할 것입니다. 꼭 매를 들어야 할 때는 다음과 같은 점을 주의해 주세요.

첫째, 화를 가라앉히고 나서 때립니다. 화가 난 상황에서 때리면 필요 이상으로 많이 때리게 되고 아이의 잘못을 지적하지 못하게 됩니다.

둘째, "다음에 또 이러면 두 대 때린다"라는 식으로 미리 경고를 하고, 체벌을 해야 하는 상황이 되었을 때는 같은 장소에서 정해진 매로 때립니다. 기준도 없이 아무 데서나 손에 집히는 것으로 때리는 것은 좋지 않습니다. 손으로 직접 때리는 것도 좋지 않은 방법입니다.

셋째, 때린 후에는 꼭 안아서 달래 주세요. 아이가 미워서 때린 것이 아니라 잘못해서 때린 것이라고 이야기해 주도록 합니다. 또한 맞을 때 기분이 어땠는지도 물어보면서 나쁜 감정을 풀어 주는 것이 필요합니다.

할머니 손에서 자란 아이, 엄마를 멀리해요

맞벌이 부부가 증가하면서 아이의 양육을 할머니에게 맡기는 경우가 늘고 있어요. 낮 시간에는 떨어졌다 저녁에만 아이 얼굴을 보거나, 아예 주중에는 아이를 할머니 집에서 지내게 하고 주말에만 함께 지내는 집도 많습니다. 그러다 보니 아이가 주 양육자인 할머니만 좋아하고 엄마 아빠를 멀리하는 일도 생기게 됩니다. 이때는 부모와 아이의 애착 관계를 잘 살펴야 합니다.

* 세 돌이 넘어서도 엄마를 멀리하면 애착 장애

아이들은 두 돌 전까지는 주 양육자와 애착 관계를 형성해 나갑니다. 따라서 부모가 아이를 키우지 않고 할머니가 키우는 경우 엄마 아빠보다 할머니를 더 좋아하고 따르는 것이 당연합니다. 이것은 하나도 문제될 것이 없는 상황이고, 오히려 부모는 애를 잘 봐주는 할머니에게 고마워해야 합니다.

만약 애를 시골에 있는 시댁에 맡겨 놓고 오랜만에 찾아갔는데 애가 엄마를 너무 반기면 할머니의 양육 방식을 의심해야 합니다. 또한 앞으로의 애착 형성에도 문제가 있을 수 있으므로 빨리 병원에 가 보는 것이 좋습니다.

두 돌 반만 지나도 아이들은 엄마라는 존재를 정확하게 인식합니다. 그전까지는 자기를 돌봐 주는 사람을 무조건 '엄마'라고 부르기도 하지만 이 시기쯤에는 확실히 구별하게 되지요. 때문에 이때는 자신을 길러 주는 사람이 따로 있어도 아이는 엄마를 더 좋아합니다. 엄마가 아침에 나갔다 저녁에 들어오거나, 엄마를 오랜만에 만나도 반가워하고 따르게 되는 것이지요. 헤어질 때는 떨어지기 싫어 울기도 하고요.

그런데 세 돌이 넘도록 엄마를 멀리한다면 이것은 애착에 문제가 있다는 증거입니다. 또한 주 양육자가 엄마인데도 불구하고 다른 사람을 더 좋아한다면 이것 역시 분명한 애착 장애입니다. 물론 아빠가 아이한테 무척 잘할 경우 아이가 엄마보다 아빠를 더 따를 수 있습니다. 이때 엄마와의 애착 정도는 아이가 힘들고 아플 때 누구에게 칭얼대는지를 보면 알 수 있습니다. 세 돌이 지나면 아이는 엄마가 자기를 돌봐 주고, 아빠는 자기와 놀아 준다는 사실을 알기 때문에 놀고 싶을 때는 아빠에게, 배고프거나 아플 때는 엄마에게 가는 것이 정상입니다.

* 무엇이든 허용하는 할머니 VS 사사건건 간섭하는 엄마

할머니와 엄마의 태도 차이도 아이가 엄마를 멀리하는 이유가 됩니다. 아이를 돌보는 할머니의 모습을 자세히 살펴보세요. 아이에게 "안 돼"라고 하기보다 "그래그래" 하며 안전에 크게 문제가 없는 한 무엇이든 하게 합니다. 그러나 엄마는 그렇지 않죠. 일례를 들어 사탕을 줄 경우 엄마는 이런저런 조건을 답니다.

"많이 먹으면 이빨 썩으니까 한 개만 먹어."

"먹고 나서 꼭 양치해야 해."

반면 할머니는 아이가 먹는 모습을 흐뭇하게 바라보며 하나라도 더 주고 싶어 하지요. 물론 치아 건강 면에서 봤을 때는 엄마의 태도가 옳지만 아이는 당연히 자기가 하고 싶은 대로 하게 해 주는 할머니가 더 좋게 마련입니다. 이런 경우 할머니와 엄마가 같이 있을 때는 할머니를 따르더라도, 할머니가 없을 때 엄마와 잘 놀면 큰 문제가 없는 것입니다.

* 육아를 어려워하는 엄마가 문제의 원인이 되기도

곧 네 돌이 되는 딸아이가 너무 수줍어하고 자기표현을 하지 않아서 찾아온 엄마가 있었습니다. 아이가 엄마에게조차 친근함을 보이지 않아 매우 걱정하고 있었지요. 엄마는 직장 생활을 하는 탓에 아이를 시댁에 맡겨 두고 주말에만 함께 지낸 것이 아이에게 부정적인 영향을 준 것 같다고 했어요. 어릴 때는 몰랐는데 클수록 엄마를 어려워하고 주말에 데리러 가면 가지 않겠다며 할머니 품에서 운다고 했습니다. 그것을 바라보는 엄마 마음은 오죽했을까요.

다행히도 아이는 크게 걱정할 정도는 아니었어요. 그저 엄마가 좀 더 아이에게 관심을 보여 주고 함께 시간을 보내면 금방 좋아질 것 같았습니다.

"이제 아이를 데리고 오시지요. 매일 엄마 얼굴을 보면 아이도 달라질 겁니다."

"그렇지 않아도 이번 승진 시험만 치르면 데려오려고요. 그런데요……."

잠시 망설이던 엄마는 솔직히 아이를 데려오는 것이 겁난다며 속내를 털어놓았습니다. 아이를 평생 시댁에 맡길 수도 없는 노릇이고, 결국 자신이 키워야 하는데 잘 키울 수 있을지 걱정이 된다는 것이었죠.

처음에는 엄마 아빠와 떨어지면 울고불고하던 아이가 시간이 흐르면서 엄마를 낯선 사람 대하듯 서먹해하자 가슴이 아팠다고 해요. 그래서 '얼른 데려와야 할 텐데' 생각은 했지만 '좀 더 편한 부서로 옮기면', '아이가 기저귀만 떼면', '좀 더 넓은 집으로 이사하면' 하면서 아이를 데려오는 시점을 점점 미뤄 온 게 벌써 2년이라고 했습니다. 이렇게 엄마가 아이와의 만남을 어려워하니 아이도 엄마를 멀리하게 된 것이지요. 이 엄마의 경우 부모로서 자신감을 회복하는 것이 급선무였습니다.

* 무조건적 사랑이 해결책

할머니와 애착이 강해 엄마를 멀리하건, 엄마가 육아에 자신이 없어 해서 엄마를 멀리하건 해결책은 하나밖에 없습니다. 무조건적인 사랑이지요. 할머니보다 더 큰 사랑을 주지 않으면 엄마로부터 떠나간 아이의 마음은 다시 돌아오지 않습니다.

더 많은 시간 아이와 놀아 주고, 더 많이 아이의 요구를 들어주고, 아이로 인해 행복해하는 엄마의 모습을 보여 주어야 합니다. 이때는 아이가 아무리 버릇없게 굴어도 그냥 봐줘야 합니다. 엄마의 사랑이 부족한 아이에게 원칙을 강조하면 더 멀어질 수밖에 없습니다. 사랑이 충족된 후 훈육이 이루어져야 아이도 엄마 말을 믿고 잘 따르게 됩니다.

맞벌이 때문에 할머니에게 아이 양육을 맡겼더라도 아이가 어느 정도 자란 후에는 데려오는 것이 좋습니다. 부모 자식 간의 정도 매일 지지고 볶으면서 쌓여 가는 것이니까요. 앞서 상담했던 엄마에게도 육아에 대한 부담은 접어 두고 일단은 아이를 데려오라고 했습니다. 육아는 머릿속에서 이렇게 해야지, 저렇게 해야지 아무리 생각해 봐야 뜻대로 이루어지지 않습니다. 아이와 함께하면서 상황에 따라 최선의 방법을 찾는 과정에서 엄마와 아이 모두에게 맞는 육아법이 완성되지요.

어쩌면 엄마에게서 멀어진 아이가 엄마보다 더 간절히 서로 친해지길 바라고 있을지도 모릅니다. 무조건적인 사랑과 사랑을 표현할 수 있는 충분한 시간만이 문제를 해결해 줄 것입니다.

아이랑 말이 안 통하는데 제가 문제인 걸까요?

3~4세 아이들은 이제 문장을 사용해서 자기 생각을 표현할 수 있게 됩니다. 그래서 말이 많아지고, 종종 부모와 의견 충돌도 생깁니다. 이때 "조그만 게 벌써 엄마 아빠 말을 안 들어?" 하며 아이의 의견을 무시하는 부모들이 있는데, 그렇게 하면 아이는 말하는 것을 싫어하게 됩니다. 그럼 그 나이에 발전시켜야 할 사고력이나 표현력도 키울 수가 없게 되지요.

조잘조잘 말이 많아진 아이와 현명하게 대화하기 위해서는 부모가 먼저 아이 수준에 맞는 대화법을 익혀야 합니다. 아이의 감정을 이해하고 읽어 주고 말로 표현하도록 북돋워 주는 것이지요. 부모가 꼭 알아야 할 대화법이 무엇인지 알아봅시다.

* 아이의 기분 맞추기가 최우선 과제입니다

아이가 말을 잘한다고 해서 감정 표현을 잘하는 것은 아닙니다. 부모가 끊임없이 아이 상태를 살펴서 기분을 맞춰 줘야 가능한 일이지요. 예를 들어 아이가 "내가 할래"라고 했을 때 혼을 내면 아이는 불편하고 불쾌한 기분을 느낍니다. 뭔가가 불편한데 그것이 해소되지 않는 상태가 지속되면 아이는 공격성을 보인다거나 우울해한다거나 엄마 곁을 한시도 떠나지 않으려고 하는 등의 문제를 보이게 됩니다.

그러니 아이가 화를 내면 이유를 물어봐서 풀어 주고, 무서워하거나 놀라면 그 상황으로부터 보호해 주고, 우울해하면 기분을 전환시켜 주는 것이 좋습니다. 될 수 있으면 아이가 나쁜 감정을 갖게 되는 상황을 만들지 않는 것이 제일 좋지요. 그러면 아이는 부모의 말 한마디에 안정된 마음을 갖고 행복한 기분으로 성장해 나가게 됩니다.

* 감정을 표현할 때 "왜?"라고 묻지 않기

아이는 자라면서 다양한 경험을 통해 급격하게 언어 능력을 발달시킵니다. 이에 따라 아이는 자기 생각을 점점 정교하게 말할 뿐 아니라 다양한 감정을 알게 되지요. 화, 공포, 기쁨, 슬픔 등의 감정들이 이때 섬세하게 분화되어 나갑니다. 감정 개발이 잘된 아이들은 3세가 되면 "나 속상해", "슬퍼", "엄마 미워"와 같이 감정을 말로 표현하게 됩니다.

이때 중요한 것이 "왜?"라고 묻지 않는 것입니다. 특히 아이가 좋지 않은 감정을 말했을 때 주의해야 합니다. 부모의 "왜?"라는 반응에 아이는 감정을 표현하는 일에 부담감을 가질 수 있거든요. 감정을 표현할 때 그 감정을 느끼게 된 이유를 생각해서 말을 해야 한다고 여기게 되기 때문입니다. 또 "왜?"라는 반응은 아이에게 자신의 감정이 옳지 않을 수도 있다는 생각을 하게 하지요.

아이가 자신의 감정을 표현했을 때는 "그렇구나. 네 생각을 말해 줘서 고마워"라고 이야기해서 아이가 자기의 감정을 말하는 것을 북돋워 주어야 합니다. 아이들은 "왜?"라고 물어보는 사람보다 "그렇구나" 하고 자신의 감정을 그대로 인정해 주는 사람과 이야기하는 것을 더 좋아합니다. 이 시기에 중요한 것은 아이와의 공감이라는 점을 잊지 마세요.

* '실황중계' 대화로 감정 발달시키기

감정이 풍부한 아이들이 말을 잘합니다. 감정이 풍부한 아이로 키우기 위해 부모가 꼭 알아 두어야 할 사실이 있습니다. 아이들은 조잘조잘 떠들어 대더라도 자신의 기분이 어떤지, 자신의 생각이 뭔지 아직은 잘 모르고 있다는 것입니다. 그래서 아이와 이야기를 할 때는 여러 상황에서 느낄 수 있는 생각과 감정들을 말로 일러 주는 것이 좋습니다.

예를 들어 길에서 어떤 아이가 뛰어가다가 넘어지는 모습을 보았을 때, 부모가 "어머, 저 아이 얼마나 놀랐을까? 정말 아프겠다" 하고 이야기해 줄 수 있지요. 이렇게 하면 아이는 '미안함', '놀람', '창피함' 등의 말과 감정, 그런 감정을 느끼는 상황을 동시에 알아가면서 상황에 맞는 말을 할 수 있게 됩니다.

아이에게 풍부한 감정을 갖게 한다는 것은 생각보다 어려운 일입니다. 특히 부모가 감정이 풍부하지 않을 경우 아이 스스로 감정을 발달시키기란 쉽지 않습니다. 하지만 이렇게 부모가 아이의 생각과 감정을 대신 '실황중계' 해 주는 방법을 쓰면 부모의 감정도 발달하게 됩니다.

* 섣불리 훈계하지 않기

"존댓말 써라."
"밥은 얌전히 앉아서 먹어."

"친구에게 양보해야지."

"실내에서 뛰지 마라."

대부분의 부모들은 아이에게 이렇게 이야기하곤 합니다. 하지만 이런 이야기를 하는 부모를 보면 저는 답답합니다. 왜냐하면 이렇게 훈계조로 이야기하는 것은 혼을 내는 것만큼이나 좋지 않거든요.

왜 예의 바르게 행동해야 하는지, 왜 존댓말을 써야 하는지, 왜 양보해야 하는지에 대한 설명 없이 훈계만 받는 입장에 처하면 아이는 자존심에 상처를 받게 됩니다. '나는 다 못하는 아이구나' 하는 생각을 하게 되는 것이지요.

반면 그렇게 해야 하는 이유를 아이가 알기 쉽게 이야기해 주는 것은 훈계가 아니라 '대화'입니다. 대화는 아이가 부모의 생각을 듣고, 자신의 생각을 말하고, 그런 다음에 행동을 하게끔 만들기 때문이지요. 이런 대화 과정을 거쳐 결정된 것은 아이 스스로 결정했기 때문에 잘 따르게 됩니다.

또한 훈계를 하기 전에 부모가 먼저 모범을 보여 주는 것도 중요합니다. 아이에게는 "얌전히 앉아서 밥 먹어" 하면서 부모는 다리를 흔들면서 먹는다면 아이는 부모의 말을 신뢰하지 않습니다. 이 시기의 아이들에게 무언가 가르치고자 할 때는 훈계보다 직접 보여 주는 편이 100배 효과적입니다.

* 아이 질문에 성실하게 대답하기

말문이 트였을 때부터 수다쟁이라는 말을 들었던 정모는 세 돌이 넘어가자 질문을 입에 달고 살았습니다. 주변에 보이는 모든 것에 관심을 갖고 "엄마, 저게 뭐야?", "왜 그런데?" 하며 질문을 퍼부었지요. 그래서 한동안은 정모의 호기심을 풀어 주기 위해 걸어 다니는 백과사전이 되어야 했답니다.

그 시기에 정모가 처음으로 사이다를 보게 되었는데, 물속에서 거품이 올라오는 모습이 신기했는지 "엄마 저게 뭐야?" 하고 묻더군요. 처음에는 "사이다라는 음료수야" 하고 대답해 주었는데 자기가 원하는 대답이 아니었는지 집요하게 물고 늘어졌습니다. "저건 설탕물에다 이산화탄소를 넣은 음료수야. 저기 방울방울 올라오는 것이 바로 이산화탄소란다." 정모에게는 생소한 단어인 '이산화탄소'를 이야기해 주었음에도 정모는 이제 알았다는 듯 고개를 끄덕이며 사이다를 쳐다보더라고요.

얼마 후 정모가 자기 친구에게 사이다에 대해 설명하는 것을 듣고 뒤로 넘어갈 뻔했습니다. "여기 올라오는 게 뭔지 알아? 이게 바로 '이상한 탄소'야. 정말 이상하지?"

이 시기 아이들은 엄청난 지적 호기심을 갖고 있습니다. 세 돌 전에는 "이게 뭐야?" 하며 단순한 질문을 하고 알아듣던 못 알아듣던 그에 대해 답변을 듣는 것으로 만족했다면, 네 돌이 가까워 오면 근본 원리를 알려는 욕구가 무척 강해집니다. 이때 부모가 무성의하게 대답하면 절대 안 됩니다. "엄마도 잘 모르겠네. 함께 찾아볼까?" 하고 책도 뒤지고, 인터넷도 검색하면서 아이의 호기심을 함께 풀어 가는 것이 좋습니다. 아이는 그런 부모의 모습을 보면서 모르는 게 있을 때 어떻게 알아내는지 배울 수 있게 되지요.

아이는 일정 시기가 지나면 더 이상 부모에게 "이게 뭐야?" 하고 묻지 않습니다. 그러니 아이가 질문을 하면 기회를 놓치지 말고 친절하게 대답해 주세요. 그것이 아이와의 관계를 향상하는 동시에 공부법도 알려 주는 일석이조의 대화법입니다.

징징거리며 이야기하는 습관 고치기 Tip

이 시기의 아이들은 아직 자기 조절력이 발달하지 않아 조금만 뜻대로 되지 않거나, 힘든 일이 있으면 울면서 이야기하는 경우가 많습니다. 그런데 자꾸 징징거리며 말을 하면 또래 아이들에게도 어려 보이기 때문에 놀림감이 되기 쉽습니다. 또한 의사소통을 하는 데도 문제가 되므로 바로잡아 주어야 합니다. 이때 "그래그래. 엄마가 다 해 줄게" 하면서 아이가 의사 표현을 하기 전에 먼저 해결책을 제시하면 징징거리며 말하는 습관을 고칠 수 없게 됩니다.

저와 남편은 아이들이 하고 싶은 이야기를 정확히 이야기하지 않고 징징대고 있으면 아예 못 들은 척해 버립니다. 특히 남편은 아이들이 그럴 때마다 불러서 앉혀 놓고 진지하게 이야기합니다.

"어떤 문제가 있으면 울먹이지 말고 똑바로 이야기해야 해. 징징거리면서 이야기하면 아빠는 네 말을 하나도 알아들을 수 없어서 네가 뭘 원하는지 알 수가 없어."

이런 상황이 여러 번 반복되면 아이들은 징징거리지 않고 자신의 생각을 정확히 전달하기 위해서 노력하게 됩니다.

워킹맘에게 해 주고 싶은 말

워킹맘들에게 출근길은 그야말로 매일같이 전쟁입니다. 저도 아침에 아이를 떼어 놓고 나올 때마다 아이가 토하고, 울고, 난리도 아니었습니다. 우는 아이를 남겨 두고 출근하는 발걸음은 늘 무거웠고, 나도 모르게 밀려오는 죄책감으로 힘들었습니다. 그래서 아이 얘기만 나오면 울컥 하는 워킹맘의 마음을 충분히 이해합니다.

* 우선 체력부터 기르세요

그러나 죄책감으로 스스로를 괴롭히지 않았으면 좋겠습니다. 죄책감은 우울을 부르고, 엄마의 우울은 본인뿐 아니라 아이에게도 결코 좋지 않으니까요. 죄책감과 싸우려면 우선 체력을 길러야 합니다. 제가 엄마들에게 늘 하는 말이 있는데요. 아이가 태어나고 3년은 그냥 죽었다 생각해야 합니다. 분명한 건, 그 시기만 잘 넘기면 이후에는 아이를 키우기가 훨씬 수월해진다는 사실입니다. 그러니 마음 단단히 먹고 체력 먼저 키우세요. 3년 동안 나 자신을 꾸밀 시간은커녕 제대로 밥도 못 먹고, 잠도 못 잘 텐데, 그것을 견뎌내려면 반드시 체력이 뒷받침되어야 합니다.

체력이 좋아도 3년을 버티기가 결코 쉽지는 않을 겁니다. 물론 일을 잘해서 직장에서 인정받고, 아이도 잘 키우고 싶겠지만 그때만큼은 욕심을 내려놓아야 합니다. 둘 다 완벽하게 해내고 싶다고 해도 갑자기 아이가 아프거나 아이를 돌보는 가족에게 문제가 생기는 등의 돌발 상황이 언제든 발생할 수 있으니까요. 그런 상황에 유연하게 대처하려면 오히려 일과 육아 모두 심하게 펑크 내지 않는 범위 내에서 최대한 잘 버티는 것을 목표로 삼는 편이 좋습니다. 예상치 못한 돌발 변수들에 대처하려면 무엇보다 돈이 필요합니다. 그러니 3년 동안엔 돈 벌 생각도 잠시 접어 두세요.

* 엄마가 일해서 아이가 아픈 게 아닙니다

그런데 전업주부처럼 아이를 계속 돌보지 못하기 때문에 아이에게 행동이나 정서상의 문제가 생겼을 때 그것을 빨리 알아차리지 못할 수 있습니다. 더 위험한 건 아이에게 이상이 생겼는데 두려움과 죄책감의 늪에 빠져 혼자서 우왕좌왕하느라 아이의 문제를 더 키우는 것입니다. 아이가 아플 때는 자신이 완벽할 수 없다는 사실을 빨리 인정하고, 적극적으로 전문가를 찾아나서는 용기가 필요합니다. 주위 사람들이 혹여나 엄마가 일하기 때문에 아이가 아픈 거라고 하면 그냥 귀를 닫아 버리세요. 설령 일을 그만두고 전업주부가 되어 아이를 24시간 돌본다 해도 아이에게 문제가 생길 수 있습니다. 일하는 엄마 탓이 아니라는 말입니다.

만약 아직 아이를 낳지 않은 상황이라면 계획을 다각도로 세워 두는 것이 좋습니다. 남편과 집안일을 어떻게 나눌지, 누구한테 아이를 맡길지, 돌봄 도우미를 써야 한다면 언제쯤 쓸지 등에 대해서 미리 계획을 세우는 것이지요. 친정 엄마 혹은 시댁 근처, 좋은 어린이집 근처로 이사를 가는 것도 방법입니다. 워킹맘에게 최고의 태교는 예상치 못한 돌발 변수들에 대해 최대한 많은 플랜을 세워 두는 것임을 잊지 마세요.

베이비시터 구할 때 꼭 체크해야 할 것들 Tip

1. 신원이 확실한가

기관을 통하든, 기관을 통하지 않고 인근에서 베이비시터를 구하든, 신원이 확실한 사람인지를 먼저 확인해야 합니다. 신분증과 주민등록등본을 받아 두고, 되도록 건강검진증명서도 받아서 문제가 없는지 체크하는 것이 좋습니다. 내 아이를 돌봐 줄 사람의 건강에 문제가 없는지 확인하는 것은 너무나 당연한 일입니다.

2. 아이를 돌본 경험이 있는가

베이비시터로 일한 경험이 있는 사람이 좋습니다. 아이를 돌보는 일은 학습과도 연결되어 있기 때문에 하루 종일 텔레비전을 켜 두지는 않는지, 아이와 대화를 많이 하고, 책도 잘 읽어 줄 수 있는지 따져 봐야 합니다. 한 가정에 오래 머물지 않고 자주 옮겨 다닌 경우는 위험합니다. 주 양육자가 자주 바뀌는 것은 내 아이에게 치명적일 수 있습니다.

3. 육아 지식을 풍부하게 갖추고 있는가

평소 아이를 키우는 것에 대해 어떻게 생각하는지, 전 가정에서 돌보던 아이의 성향은 어떠했고 그것에 맞춰 어떻게 아이를 돌봤는지, 본인만의 육아 노하우가 있는지 등을 물어봄으로써 아이의 발달단계에 대한 이해가 어느 정도인지 체크해 보세요. 가능하다면 내 아이가 보이는 문제나 실수에 대해 어떻게 대처할지 질문해서 아이를 돌볼 가이드라인을 만들고 그것을 지킬 수 있게 하는 것이 좋습니다. 이를테면 아이가 갑자기 떼를 쓰면 어떻게 할지, 아이가 자야 할 시간에 안 자면 어떻게 할지, 음식 투정이 심한 아이는 어떻게 할지 등을 질문하고 그에 대한 대처 방법을 서로 공유해 두는 것입니다.

4. 시간 개념이 확실한가

만약 베이비시터가 시간을 잘 안 지키고, 성의 없이 시간을 자주 변경하면 매우 곤란합니다. 그래서 시간 개념이 확실한지를 꼭 체크해 보아야 합니다.

5. 위생 관념이 철저한가

생각보다 위생 관념이 없는 사람들이 의외로 많습니다. 그리고 위생 관념은 개인마다 천차만별이므로 업무 시작 전에 꼭 지켜 줬으면 하는 부분은 꼼꼼하게 리스트를 만들어 두는 것이 좋습니다.

6. 베이비시터를 구한 뒤 꼭 해야 할 일

베이비시터를 결정하고 난 뒤에는 최소한 2~3일만이라도 엄마가 보는 가운데 아이와 베이비시터가 서로에게 적응할 시간을 가지는 게 좋습니다. 아이가 베이비시터와 잘 지내는지는 한 달쯤 지난 뒤 엄마가 퇴근해서 집에 들어갔을 때 아이의 반응을 보면 됩니다. 만약 잘 지내고 있으면 엄마가 퇴근했다고 해서 아이가 버선발로 뛰어나오지는 않습니다. 아이가 반갑게 인사하고 자기가 하던 일을 하는 게 오히려 건강한 것입니다. 만약 아이가 엄마 옆에서 떨어지지 않으려고 하거나, 투정이 심하고, 밤에 잠을 잘 못 자면 그것은 스트레스를 받고 있다는 증거입니다. 만약 아이의 상태가 좋지 않다고 판단되면 다른 방법을 강구해야 합니다.

가끔씩 전화를 하거나 기습적으로 물건 찾는 척 집에 들어가서 베이비시터가 일을 잘하고 있는지 체크해 보는 것도 좋습니다. 간혹 그것을 베이비시터에 대한 결례라고 생각하며 미안해하는 엄마들이 있는데, 그렇게 생각하면 절대 안 됩니다. 베이비시터에게는 내 아이를 안전하고 건강하게 돌봐 줄 의무가 있고, 그것을 엄마가 가끔씩 체크하는 것은 당연히 해야 할 일입니다.

마지막으로 베이비시터가 어쩔 수 없는 사정으로 그만두게 되어 다른 사람을 구해야 할 경우 한 달 정도 시간을 버는 게 필요합니다. 전 베이비시터가 뒤에 오는 사람에게 인수인계를 하고, 아이가 새 베이비시터와 친해질 시간이 필요하기 때문입니다.

3~4세
부모들이
절대 놓치면
안 되는

아이의
위험 신호

5

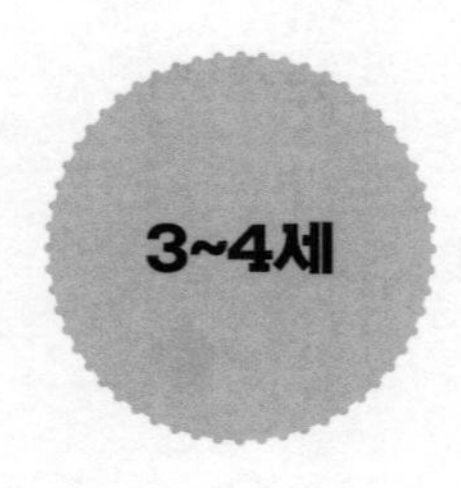

1 공격성이 너무 강해요

아이가 두 돌경에는 전두엽 발달이 미숙한 탓에 공격적 행동을 자제하지 못하는 경우가 많습니다. 그래서 타인에게 공격적 행동을 쉽게 하게 되고, 뜻대로 안 해 주면 자해 행동도 마다하지 않습니다. 하지만 세 돌에 가까워지면 어느 정도 사고력이 발달하면서 기분이 나쁠 때는 언어로 자신의 입장을 간략하게나마 설명하는 게 가능해지고, 따라서 공격적 행동도 줄어들게 됩니다.

하지만 세 돌이 지났는데도 친구나 동생을 때리고 기분이 나쁘면 벽에 머리를 박는 시늉을 자주 하는 아이는 공격성이 과도하다고 볼 수 있으며, 그럴 때는 전문가의 도움을 받아야 합니다. 공격성이 강해지는 원인은 보통 다음과 같이 나눠 볼 수 있습니다.

●부정적 정서를 제대로 조절 못 하는 아이

아이가 나쁜 기분에 휩싸였을 때 주변 어른들이 그것을 빨리 조절해 주지 않으면, 아이의 감정 조절 능력이 제대로 발달하지 않을 수 있습니다. 이 경우 아이는 부정적 감정을 바로 행동으로 표출하게 됩니다. 공격적 성향이 강해지는 것이지요.

●자아상이 나쁜 아이

세 돌 이전에 주 양육자와 애착 형성이 제대로 되지 않았거나, 주변 어른들로부터 '너는 왜 항상 이 모양이니?'라는 등의 부정적 피드백을 주로 받고 자란 아이는 자신이 나쁜 아이라는 고정관념을 갖게 됩니다. 그래서 쉽게 타인과 자신을 공격하게 됩니다.

●공격자와의 동일시

흔히 가정폭력이나 신체적 학대를 경험한 아이들에게 나타나는 현상으로 가해자의 폭력을 무의식중에 배워 그대로 타인에게 공격적 행동을 하는 것을 말합니다.

이처럼 공격적 행동의 원인에 따라 대처 방법이 다를 수 있으나 일단 아이가 공격적 행동을 보일 때는 그 행동을 멈추게 하고, 아이의 흥분이 가라앉을 때까지 기다려야 합니다. 바로 야단을 치면 아이는 더 흥분하여 더 공격적으로 행동할 수 있기 때문입니다. 그런 다음 눈을 똑바로 보면서 아이의 공격적 행동으로 인해 발생하는 결과들을 'I message'로 알려 줘야 합니다. 이를테면 "네가 때리면 ○○가 아파", "엄마가 너무 놀라 힘들어"라는 식의 말을 해줌으로써 아이 스스로 자신의 공격적 행동을 조절하려는 동기를 가질 수 있게끔 돕는 것이지요.

2 대소변을 자주 보거나 지려요

아이들은 18개월경에 대변부터 시작해 소변을 가리게 됩니다. 대략 36개월이면 대소변을 모두 가리게 되어 기저귀를 떼게 되지요. 하지만 일부 아이들은 처음부터 대소변을 잘 못 가리거나, 한동안 잘 가리다가 갑자기 대소변을 지리기도 합니다.

처음부터 대소변을 잘 가리지 못하는 아이들은 신경 발달이 또래보다 늦거나 부모의 배변 훈련 방법이 올바르지 못한 경우가 많습니다. 배변 훈련을 너무 강압적으로 시키거나 아이가 준비되기도 전에 너무 일찍 시키면 아이가 이를 두려워할 수 있습니다. 그러므로 먼저 편안하게 아랫도리를 벗겨 놓고 꼭 변기가 아니더라도 대소변을 보게 하는 등 아이의 두려운 감정을 먼저 없애 주는 게 좋습니다. 그리고 소아과나 비뇨기과 진료를 통해 기질적 원인이 있는지 알아보고 교정을 하는 것이 필요합니다.

애착 대상과의 갑작스러운 분리 혹은 가정 폭력 등 아이 스스로 감당하기 어려운 스트레스를 받으면 자기 조절력을 잃어버려 갑자기 잘 가리던 대소변을 못 가리게 됩니다. 이런 경우에는 스트레스의 원인을 없애고 아이를 기다려 주어야 합니다. 불안 증상으로 인한 아이의 빈뇨 증상은 불안을 감소시켜야 호전되므로 아이를 야단치지 말고 불안의 원인부터 파악해서 그에 맞게 대처를 해야 합니다.

3 암기만 유독 잘하는 아이는 위험합니다

요즘 부모들은 아이가 두 돌만 지나면 한글과 숫자를 가르치려 난리입니다. 하지만 대부분의 아이들은 다양한 자극에 관심이 많기 때문에 단순히 글자를 외우는 것보다는 놀이를 더 재미있어 합니다. 예를 들어 엄마가 의자에 '의자'라는 단어 카드를 붙여 놓아도, 아이는 카드보다 의자를 뒤집어 그 위에 수건을 씌워 텐트를 만드는 창의적 놀이에 더 관심을 보입니다.

그런데 놀이에는 전혀 관심이 없고 글자나 숫자 암기만 좋아하고 잘하는 아이들이 간혹 있습니다. 그럴 때 부모는 자신의 아이가 영재일지도 모른다는 착각에 빠지는데요. 결론부터 말하자면 그런 아이는 창의적 놀이를 즐기는 아이보다 오히려 인지능력이 떨어질 확률이 높습니다. 예를 들어 불안 증상이 심한 아이의 경우 다양한 자극에 관심을 갖지 못하고 규칙성이 있는 글자, 숫자 등에만 과도한 관심을 보여 유난히 암기 능력이 좋아 보일 수 있습니다. 전반적으로 인지 발달이 느릴 때에도 비교적 단순한 암기 능력 위주로 인지가 발달할 수 있습니다.

그러므로 특정 숫자, 글자에 대한 암기력이 뛰어난 아이라면 다른 영역에도 관심을 보이는지, 사고력과 이야기 능력도 함께 잘 발달하고 있는지 체크해 보아야 합니다. 불안 증상으로 인해 특정 자극에만 집착하며, 다른 분야의 성장이 느린 경우에는 불안 치료와 함께 인지적 유연성을 기르는 인지 치료도 병행하는 것이 좋습니다.

4 너무 엄마 눈치를 보고, 자꾸만 엄마를 도와주려고 해요

서너 살밖에 안 된 아이가 너무 엄마 눈치를 보면서 엄마의 비위를 맞추려 들고, 형제를 돌보려고 한다면 문제가 있다고 볼 수 있습니다. 착한 아이라고 생각하며 안심할 때가 아니라는 말입니다. 3세 전까지 주 양육자와 건강한 애착 관계를 형성한 아이들은 세상을 신뢰하고, 타인과 갈등이 생겨도 잘 해결하며, 친구들을 잘 사귀고, 어려울 때 회복하는 능력도 뛰어납니다. 하지만 부모의 우울증이나 비일관적인 양육 태도로 불안정 애착을 형성한 경우에는 사회성 영역 발달에 문제가 생기게 됩니다.

특히 엄마가 우울하거나 정신적 스트레스가 심해 아이를 돌볼 마음의 여유가 없고 자신의 문제에 함몰되어 있으면, 아이는 능력도 없으면서 엄마를 돌보려고 하는 마음을 가지게 됩니다. 이처럼 아이가 심리적으로 어른을 돌보는 상태가 지속되면 역할 전도형 애착 관계가 형성됩니다. 겉으로 봐서는 아이가 지나치다 싶을 정도로 순응적이고, 항상 동생이나 엄마를 돕는 행동을 하기 때문에 효자, 효녀라고 불리지만 아이가 심리적으로 건강하다고 볼 수는 없습니다. 아이가 아이답게 유년기를 보내지 못할 뿐더러 심리적 여유가 없이 강박적으로 뭐든지 잘해야 한다는 부담으로 자신이나 남들을 몰아가기 때문입니다. 그러면 항상 긴장을 하고, 성취지향적인 면이 지나친 어른으로 성장할 확률이 높습니다. 또 자신의 뜻대로 타인이 움직여지지 않을 때 심한 분노를 느껴 타인에게 과도하게 화를 내는 경우도 종종 있습니다.

그러므로 서너 살밖에 안 된 아이가 너무 부모 비위를 맞추고, 형제들을 돌보려고 한다면 왜 아이답게 어른에게 의존하고 적당히 떼를 부리지 않는지 체크해 볼 필요가 있습니다. 만약 엄마의 우울증이 심해 아이에게 오히려 의존하고 있다면 엄마는 빨리 우울증 치료를 받아야 합니다. 그래서 아이가 부담을 갖지 않게 해야 합니다. 만약 엄마의 우울증 치료가 끝났는데도 아이가 누군가를 계속 돌보려 하면 "네가 정말 하고 싶은 건 뭐야?" 라는 질문과 메시지를 꾸준히 보내서 아이 스스로 자신이 원하는 것을 하게끔 지지해 주어야 합니다.

5 유치원, 어린이집에서 요구하는 규칙을 지키지 못해요

아이가 두 돌 정도 되면 뜻대로 안 될 때 황야의 무법자처럼 드러눕고 물건을 던지는 방법으로 강렬하게 저항 내지는 분노를 표현합니다. 이때는 아이가 규칙에 대한 감이 없고 미성숙하기 때문에 아이의 위험한 행동을 통제하기가 매우 어렵습니다. 하지만 심하게 떼를 쓰거나 위험한 행동을 할 때마다 부모가 따끔하게 제재를 하거나 올바른 훈육을 하게 되면 아이는 사랑을 받지 못할까 봐 두려워하는 마음에 서서히 참는 버릇을 기르게 됩니다. 그러다 세 돌이 지나면 전반적 인지능력의 발달과 더불어 어느 정도 주변에서 요구하는 규칙을 수용할 수 있는 능력을 갖추게 됩니다.

하지만 일부 아이들은 자신의 의견을 언어로 표현할 수 있는 능력이 있음에도 불구하고 외부에서 요구하는 규칙을 안 지키거나 못 지켜서 문제를 일으킵니다. 집에서 부모가 보지 않으면 형제들과 계속 싸우고 양치나 식사 예절 등을 잘 따르지 않아 말썽을 부리는 것이지요. 어린이집에 다니는 경우에는 선생님 말을 듣지 않고, 친구와도 계속 부딪치는 사례가 발생합니다. 이럴 때 원인별로 처방이 조금씩 달라지는데 다음과 같이 나눠 볼 수 있습니다.

●전반적 발달 지연일 때

언어, 인지, 운동, 정서, 사회성 발달 등 전 영역에서 발달 지연이 있는 경우에는 당연히 주변에서 요구하는 규칙을 지키기가 어렵습니다. 이때는 발달 지연의 원인을 찾아 치료와 교육을 병행함으로써 우선 발달을 촉진해야 합니다. 만약 원인을 모른 채 자꾸만 아이를 야단치면 반항 장애 등 다른 문제 행동까지 유발할 수 있으므로 유의해야 합니다.

●사회성 발달에 문제가 생겼을 때

아이가 말은 잘 알아듣고 표현할 줄도 아는데 규칙을 잘 지키지 못하면 사회성 발달에 문제가 없는지 살펴봐야 합니다. 부모와의 애착 형성에 문제가 있거나 디지털 기기와 미디어에 조기 과잉 노출되는 경우 사회성을 담당하는 두뇌 발달에 문제가 생겨 눈치 없는 아이가 될 수 있기 때문입니다. 빠른 시일 내 교정이 안 되면 심리 치료, 부모 교육 등의 치료적 손길이 필요할 수도 있습니다.

●충동적인 기질이 있을 때

아이가 충분히 규칙을 이해하고 따를 마음도 있는데 자꾸 손이 나가고 실수로 규칙을 어기는 일이 발생한다면 잘 참지 못하는 충동적인 기질의 아이일 수 있습니다. 극단적인 경우 ADHD 증상을 보이거나 어른이 되어 조울증 증상이 발현될 가능성도 있고요. 하지만 대부분의 경우는 뇌가 성장하면서 충동적 기질이 조금씩 완화되어 자기주장이 센 보통의 아이로 자라납니다. 그러므로 너무 걱정할 필요는 없습니다. 다만 충동적인 성향이 강한 아이를 양육할 때는 야단을 치기보다 실수할 때 조금 더 기다려 주는 태도가 필요합니다. "그렇게 서두르지 말고, 차분히 마음속으로 하나, 둘, 셋을 세어 봐" 라고 말하는 등 좀 더 숙고해서 행동하도록 피드백을 주는 것입니다. 처음에는 받아들이기 어려워하지만 꾸준히 기분 나쁘지 않게 관심을 주고 가르치면 아이는 어느 순간 스스로 규칙을 내면화하게 됩니다.

신의진의

아이심리백과 : 3~4세 편

초판 1쇄 2020년 6월 8일
초판 7쇄 2024년 8월 28일

지은이 | 신의진
발행인 | 강수진
편집 | 유소연 조예은
마케팅 | 이진희
디자인 | design co*kkiri
표지 일러스트 | Annelies

주소 | (04075) 서울시 마포구 독막로 92 공감빌딩 6층
전화 | 마케팅 02-332-4804 편집 02-332-4809
팩스 | 02-332-4807
이메일 | mavenbook@naver.com
홈페이지 | www.mavenbook.co.kr
발행처 | 메이븐
출판등록 | 2017년 2월 1일 제2017-000064

ISBN 979-11-90538-07-7 14590
979-11-90538-05-3(세트)